青少年创意编程与电子制作系列

趣味学Mind+图形化编程

案例视频版

曹景胜　孙雪娇｜编著

化学工业出版社
·北京·

内容简介

本书是一本专为青少年学习者打造的图形化编程入门指南。全书基于 Mind+ 编程平台，通过 13 个专题章节系统讲解运动、外观、声音、事件等核心编程模块，并设置星空绘画、星空烟花、太阳系运行 3 个综合实践项目，以“积木式编程 + 项目驱动”的创新方式，帮助零基础读者轻松掌握编程思维。

从基础操作到复杂逻辑构建，本书采用阶梯式教学设计，配以丰富的图示和趣味案例视频演示，让青少年在创意实践中培养计算思维和问题解决能力。

本书适合青少年学习使用，也可作为学校编程课程教材以及家长编程启蒙指导参考书。

图书在版编目（CIP）数据

趣味学 Mind+图形化编程 ： 案例视频版 / 曹景胜，孙雪娇编著. -- 北京 ： 化学工业出版社，2025. 9.
(青少年创意编程与电子制作系列). -- ISBN 978-7-122-48559-5

Ⅰ. TP311.1-49

中国国家版本馆 CIP 数据核字第 2025D2P131 号

责任编辑：于成成
文字编辑：刘建平　温潇潇
责任校对：田睿涵
装帧设计：王晓宇

出版发行：化学工业出版社
（北京市东城区青年湖南街13号　邮政编码100011）
印　　装：河北尚唐印刷包装有限公司
787mm×1092mm　1/16　印张14¾　字数276千字
2025年10月北京第1版第1次印刷

购书咨询：010-64518888
售后服务：010-64518899
网　　址：http://www.cip.com.cn
凡购买本书，如有缺损质量问题，本社销售中心负责调换。

定　　价：72.00元

前言

PREFACE

在数字化浪潮席卷全球的今天，编程教育已成为培养未来创新人才的重要基石。为给青少年读者打开一扇通往计算思维与创意表达的大门，本书以主流的Mind+ 图形化编程平台为载体，通过精心设计的教学内容和丰富的实践项目，带领读者从零开始逐步掌握编程的核心思想与实践技能。

本书最大的特色在于将抽象的编程概念转化为直观的积木模块，通过“拖拽－拼接－执行”的可视化操作方式，让编程学习变得生动有趣。从基础的运动控制、外观变化，到进阶的事件处理、逻辑运算，再到复杂的函数构建和项目开发，全书构建了一个循序渐进的能力培养体系。特别设计的“项目练习”和“综合项目”环节，将星空绘画、烟花模拟、太阳系运行等趣味主题融入编程教学，让青少年在解决实际问题的过程中自然掌握编程思维。

在内容编排上，本书采用“概念讲解－操作演示－项目实践”三段式教学法，每个知识点都配有详细的操作步骤和直观的界面图示，同时提供每个案例的实际效果演示视频（项目源代码可前往化学工业出版社官网 https://www.cip.com.cn/Service/Download 下载，演示视频扫描书中二维码即可观看），即使是零基础的读者也能轻松上手。通过 16 个章节的系统学习，读者不仅能掌握图形化编程的各项技能，更能培养逻辑思维、系统分析和创意实现等核心素养，为未来深入计算机科学领域奠定坚实基础。

本书适合作为青少年编程自学趣味教程，也可作为青少年编程兴趣班的培训教材，同时还可供家长指导孩子学习编程参考。

让我们一同开启这段充满创意与发现的编程之旅，在积木拼接的乐趣中培养面向未来的关键能力！

编者

CODING

目录 CONTENTS

第1章

青少年编程

中小学生是国家科技创新的希望，加强青少年时期的科技创新教育，提升中小学生科学素养，对于提高国家自主创新能力具有十分重要的意义。

机器人编程技术是衡量一个国家科技创新的重要标志。大力推动机器人编程技术创新与发展，关键在于人才的培养。少年强，则中国强。机器人编程这一创新教育载体，不仅让更多的青少年了解当前科学技术的发展，更是通过丰富的实践活动，让中小学生在创新中学习，在实践中成长。

那么什么是编程呢？我们先举一个例子，当你在路上遇到一个说英语的外国朋友时，你与他之间用英语打招呼。好了，现在问题来了，如图 1-1 所示，假如你遇到一个“电脑朋友”，你该如何跟它打招呼呢？

图 1-1　遇到“电脑朋友”

为了能和“电脑朋友”正常交流，你要学会它能听懂的语言，这就是编程语言。有了共同的编程语言，你就可以把大脑中的想法编写成程序（类似汉语中的一段话）和“电脑朋友”进行交流了，而编程就是编写程序的简称。

如图 1-2 和图 1-3 所示，同学们都知道人类有很多语言，如汉语、英语、法语、西班牙语等。同样，编程也有很多编程语言，Scratch、Mind+、C++、Python、Java 等都是常见的编程语言。

机器人编程是一件很有趣的事情，可以培养青少年的构思能力、分解问题能力、逻辑能力、创新能力等。当前主流的青少年机器人编程教学体系采用循序渐进的三阶培养模式：图形化编程、硬件编程、代码编程。

图 1-2　常见的人类语言

图 1-3　常见的编程语言

1.1　图形化编程

针对青少年认知特点，青少年入门机器人编程领域适合首先学习图形化编程，例如 Scratch、Mind+ 等图形化编程软件。如图 1-4 和图 1-5 所示，在这些编程软件中，使用积木块代替代码，通过拖拽和组合就可以编写程序，这样不但大大降低了代码编程的操作门槛，同时也实现了逻辑创新思维的锻炼。

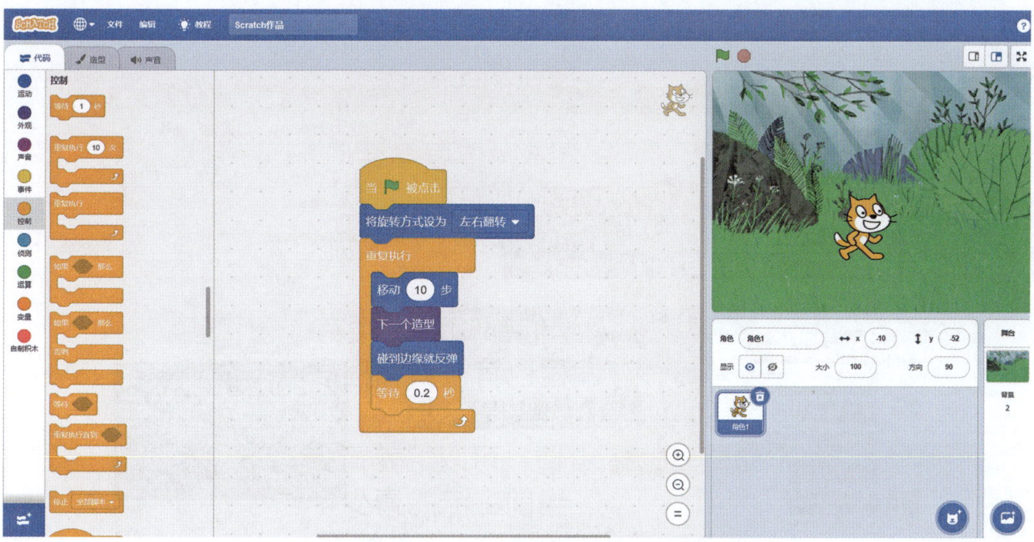

图 1-4　Scratch 图形化编程

图 1-5　Mind+ 图形化编程

1.2　硬件编程

青少年硬件编程是一个科技概念，指将硬件和软件相结合，进而对设备或机器进行智能化控制。随着 Arduino、micro:bit 等开源硬件的流行，Arduino、micro:bit 也逐渐走入中小学校园。青少年在掌握了图形化编程基础上，可以基于图形化进行硬件编程，例如，Mind+ 编程软件，即支持 Arduino、micro:bit 等各种开源硬件。如图 1-6 和图 1-7 所示，拖动图形化积木即可完成编程，进而操作、控制各种硬件，快速实现自己的科技创意。

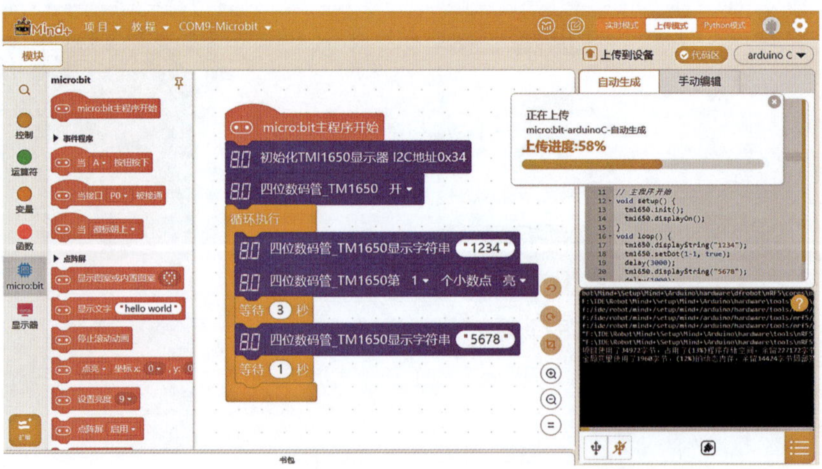

图 1-6　Mind+ 图形化硬件编程

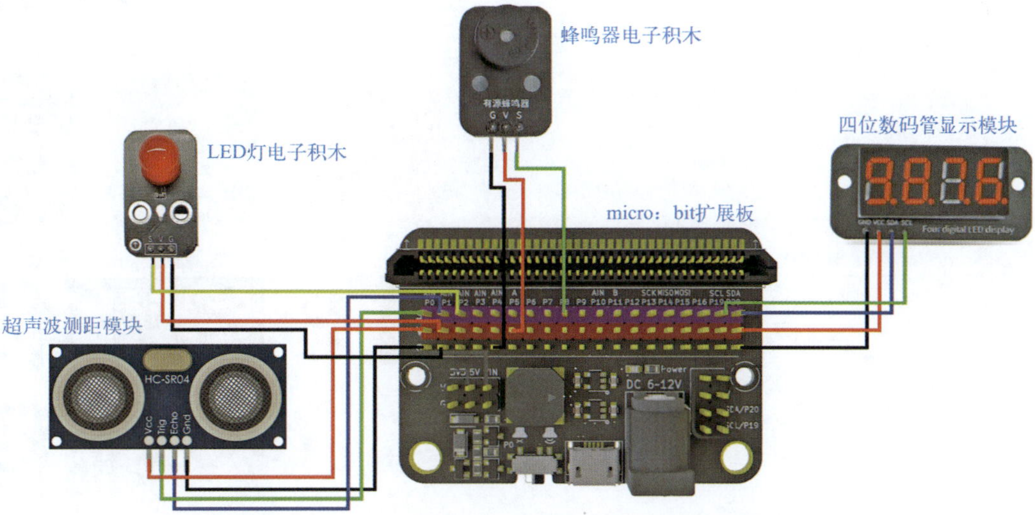

图 1-7　micro:bit 控制硬件（智能倒车雷达）

1.3　代码编程

在机器人图形化编程入门和图形化硬件编程进阶的基础上，可基于编程的兴趣，继续学习代码编程，如图 1-8 和图 1-9 所示的 C++ 编程、Python 编程等。

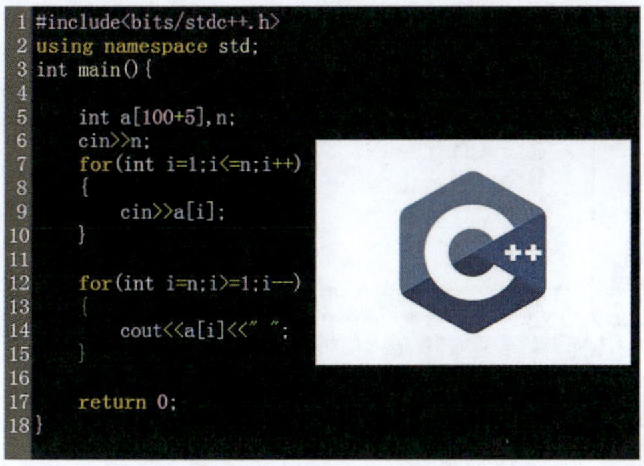

图 1-8　C++ 代码编程

图 1-9　Python 代码编程

第2章

Mind+ 图形化编程

青少年创意编程与电子制作系列

CODING

Mind+ 编程软件功能强大，它基于图形化，拖动和组合积木即可完成编程，并以舞台形式进行作品的表演和展示。本章主要介绍 Mind+ 图形化编程的基础知识和操作。

2.1 Mind+ 下载与安装

在电脑端打开 Mind+ 官方网站进行下载（本书主要针对 Windows 操作系统下的 Mind+ 图形化编程），如图 2-1 和图 2-2 所示。

图 2-1　Mind+ 网站首页

图 2-2　Mind+ 编程软件的下载界面

双击下载的 Mind+ 软件进行安装，安装过程如图 2-3 所示。本书使用的是“Mind+ V1.8.0 RC3.1”版本，同学们可以下载安装最新版本的 Mind+ 编程软件。

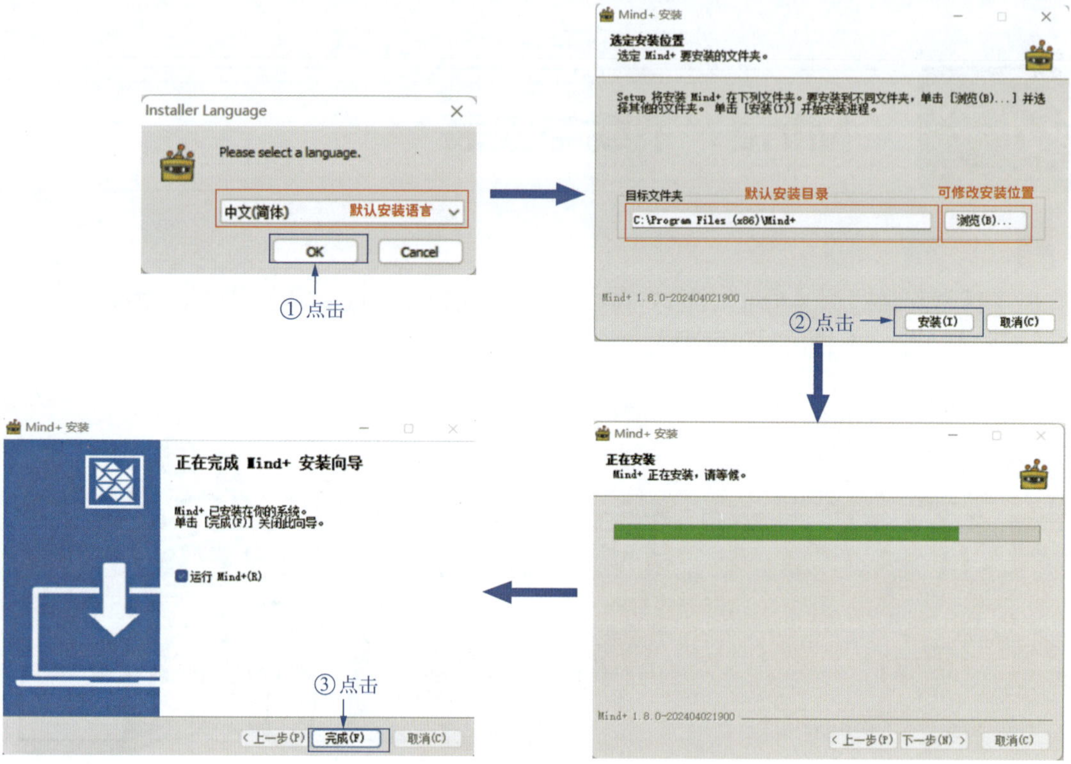

图 2-3　Mind+ 编程软件安装过程

安装完成后，在电脑桌面上生成图 2-4 所示的图标，双击即可打开该软件。也可以下载免安装版的 Mind+ 软件，下载过程如图 2-5 所示，在解压缩后的文件夹中直接双击“Mind+.exe”图标即可打开该软件。

图 2-4　Mind+ 编程软件图标

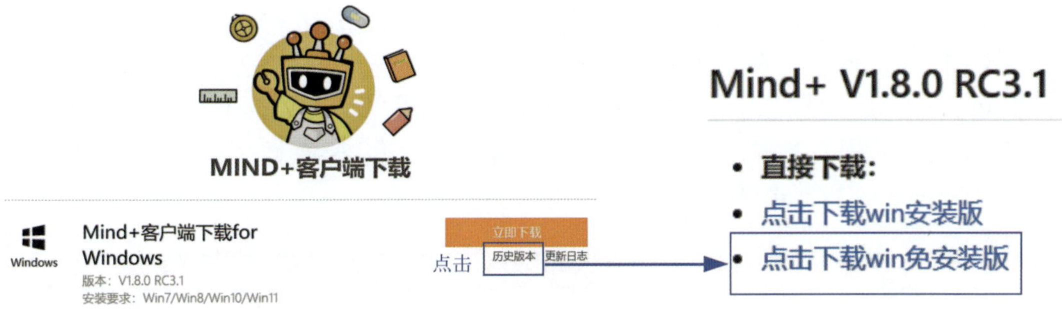

图 2-5　下载免安装版 Mind+ 编程软件

2.2　Mind+ 主界面简介

首次打开 Mind+ 编程软件后，其主界面如图 2-6 所示。

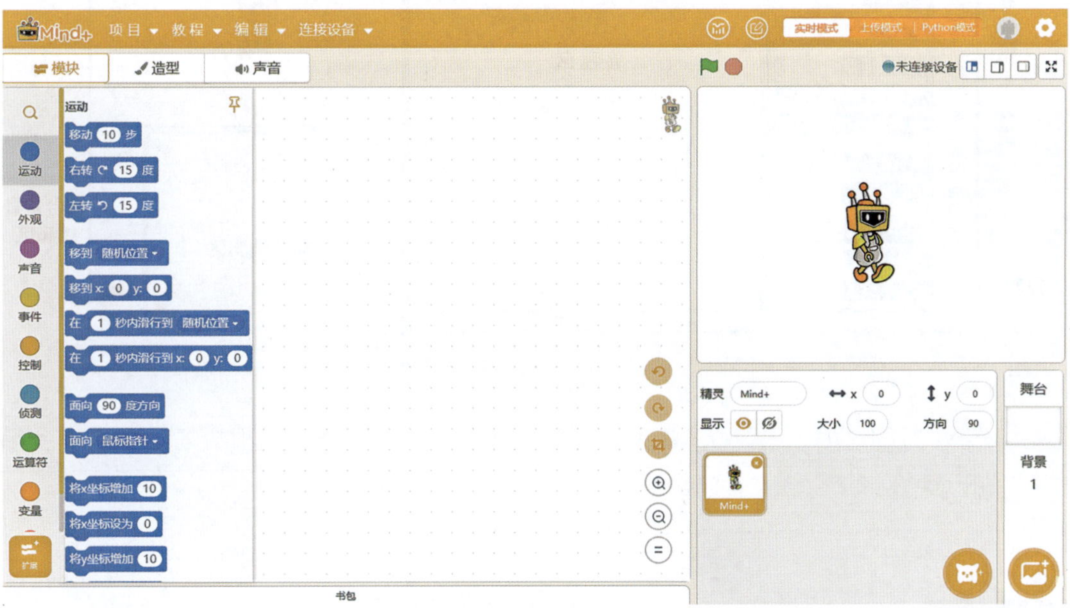

图 2-6　首次打开 Mind+ 后的主界面

Mind+ 编程软件功能非常强大，支持青少年机器人编程学习过程中三种层次编程模式：

① 实时模式：图形化编程模式，基于舞台方式，常用于编程入门。

② 上传模式：硬件编程模式，采用图形化编程控制硬件实现特定任务。

③ Python 模式：代码编程模式，Python（图形化和代码）高级编程。

如图 2-7 所示，在 Mind+ 主界面上，通过右上角的三种“模式”按钮，可切换不同的编程模式。本书主要是图形化编程的入门学习，因此主要讲解实时模式下的图形化编程，随着同学们编程学习的深入，可以过渡到硬件编程（上传模式）、代码编程（Python 模式）。

图 2-7　Mind+ 主界面右上角的三种编程模式切换

首次打开 Mind+ 编程软件即为实时模式，因此不需要模式切换。图 2-8 所示为 Mind+ 在实时模式下主界面的功能划分。

图 2-8　Mind+ 主界面各功能区划分

所谓“工欲善其事，必先利其器”，在编程前我们需要先了解 Mind+ 编程软件的操作。

2.3 菜单栏

如图 2-9 和表 2-1 所示，菜单栏提供了针对整个软件的项目操作。

图 2-9　实时模式下主界面菜单栏

表 2-1　菜单栏功能列表

功能	具体说明
项目	可以新建项目、打开项目、保存项目
教程	在初步使用时可以在这里找到想要的教程
编辑	打开和关闭“加速模式”以及可以恢复被删除的角色
连接设备	硬件编程模式下的功能，本书不涉及
实时模式 / 上传模式 /Python 模式	切换程序执行的模式。实时模式是舞台图形化编程界面；上传模式是硬件图形化编程界面；Python 模式是 Python 语言（图形化和代码）编程界面

2.4　角色编辑区操作

如图 2-10 所示，角色编辑区是对角色进行手动设置和编辑的区域。

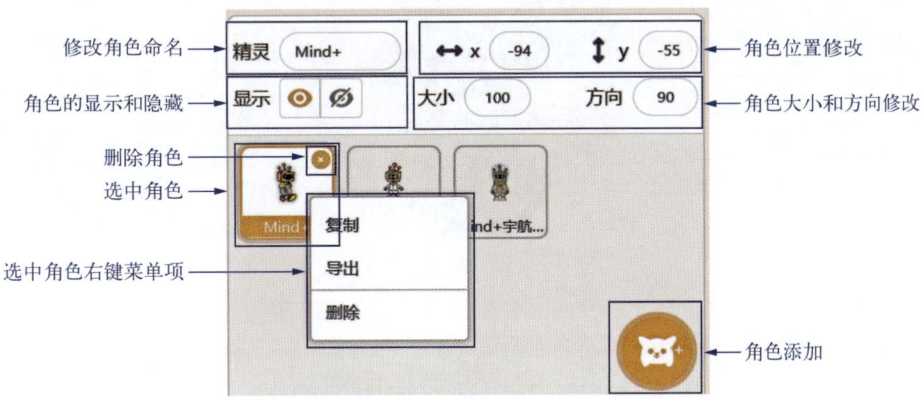

图 2-10　角色编辑区设置与编辑

角色编辑区的具体功能如表 2-2 所示。

表 2-2　角色编辑区功能列表

功能	具体说明
角色命名	选中某一个角色，为它取名字
角色显示	显示或者隐藏选中的角色
角色位置修改	修改选中角色在舞台中的位置
角色大小和方向	修改选中角色的当前大小和方向
角色添加	添加一个或者多个角色
右键菜单项	选中角色，点击鼠标右键弹出菜单项，可复制、导出、删除角色

（1）角色

同学们在电影或者游戏中看见的人物以及其他物体，都可以称为角色，在 Mind+ 编程中，角色是在舞台中表演的“演员”，如果没有角色，那舞台可能就只是静止的背景照片。可以添加任意多的角色，对它们分别编写不同程序进行控制。在 Mind+ 中，角色也被称为“精灵”。

（2）角色层级

如图 2-11 所示，多个角色在舞台重合时会发生遮挡，最后被拖拽的角色会被移到最前面，层级为第 1 层。下面角色的层级递增，层级为第 2 层、第 3 层……。

图 2-11　角色的层级

（3）角色添加

可以通过以下 4 种方式的任意一种添加角色。

① 如图 2-12 所示，在 Mind+ 编程软件自带的角色库中选择一个角色，选择一个角色时，鼠标悬停在角色图片上，可以查看角色动画效果。选中后返回主界面。

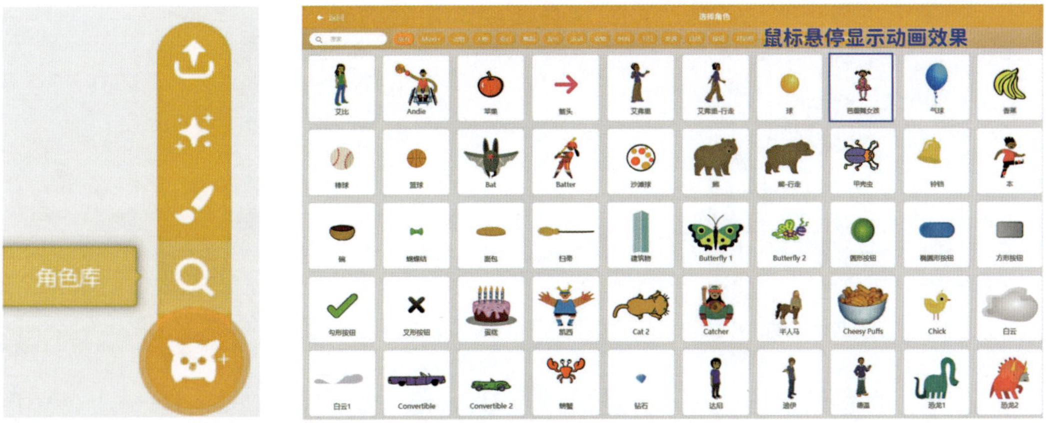

图 2-12　角色添加方式 1——角色库

② 如图 2-13 所示，使用 Mind+ 编程软件自带的画图工具手动绘制一个角色。

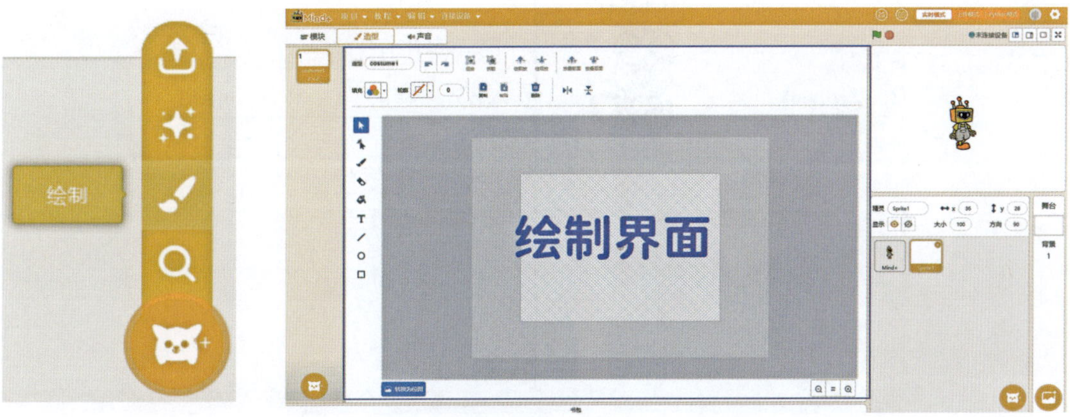

图 2-13　角色添加方式 2——绘制

③ 如图 2-14 所示，在 Mind+ 编程软件自带的角色库中随机选择一个角色。

④ 如图 2-15 所示，从电脑中选择图片，手动上传到 Mind+ 编程软件中作为角色使用。

（4）角色位置修改

在 Mind+ 中，舞台形状是一个长方形，长 480，宽 360。角色处于舞台上什么位置呢？如图 2-16 所示，与小学数学中数对概念类似，在 Mind+ 中使用坐标（X，Y）这个概念代表角色在舞台中的位置。

X（或者小写 x）称为横坐标，表示角色水平方向的位置。X 增大，角色向舞台右侧移动；X 减小，角色向舞台左侧移动。X 的大小范围：-240 ~ 240。

图 2-14　角色添加方式 3——随机

图 2-15　角色添加方式 4——上传角色

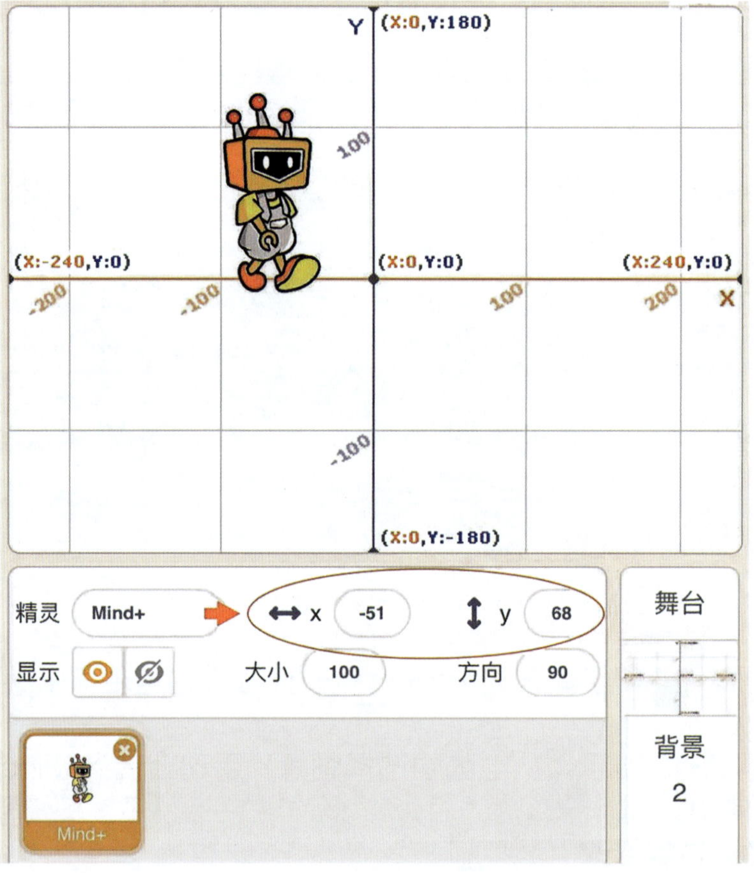

图 2-16　Mind+ 坐标及舞台大小

Y（或者小写 y）称为纵坐标，表示角色垂直方向的位置。Y 增大，角色向舞台上方移动；Y 减小，角色向舞台下方移动。Y 的大小范围：-180 ~ 180。

每一个（X，Y）确定一个位置，当 X 和 Y 都设置为 0 时，角色会出现在舞台的正中央。当角色在舞台上移动时，舞台下方橙色框中的（X，Y）的大小会自动更新，实时显示角色最新位置。当在舞台上找不到角色时，就要注意是不是设置的 X 和 Y 已经超出舞台的范围了。

在角色编辑区可以对选中角色的位置进行手动修改。可以在舞台中直接拖拽角色来移动它的位置，也可以通过给舞台下面的 X 和 Y 手动设置一个数字来进行调整。

（5）角色大小和方向

在角色编辑区可以对选中角色的大小进行修改。如图 2-17 所示，角色大小代表角色的体积，使用数字表示，数字越大，体积越大。

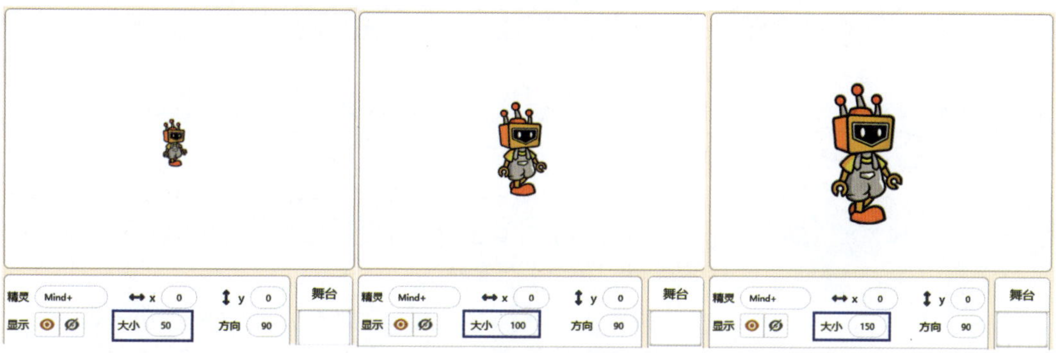

图 2-17　Mind+ 中角色大小

角色编辑区除了对选中角色大小进行修改外，还可以修改选中角色的方向，方向代表角色的朝向，Mind+ 中使用数字表示。点击图 2-18 中标出的方向输入框，就会弹出一个调整方向的界面，用鼠标转动界面上的箭头，角色就会跟着箭头一起旋转，从而改变自己的方向。当添加一个角色到舞台中时，它的方向默认朝右（方向值为 90）。如图 2-19 所示，方向值在 0 ~ 180 范围的为朝向右半部分，方向值在 -1 ~ -179 范围内的为朝向左半部分。

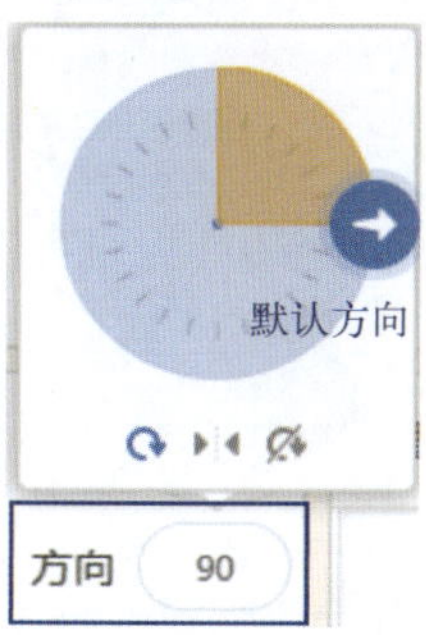

图 2-18　角色方向设置界面

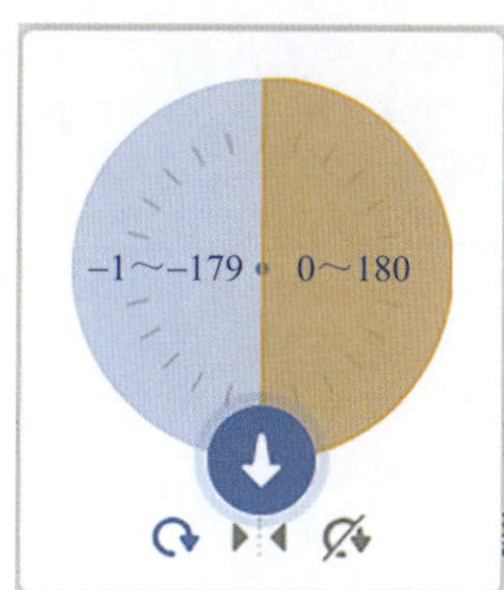

图 2-19　角色方向范围

如图 2-20 所示，当方向值为 0 时箭头指向上；当方向值为 90 时箭头指向右；当方向值为 180 时箭头指向下；当方向值为 -90 时箭头指向左。

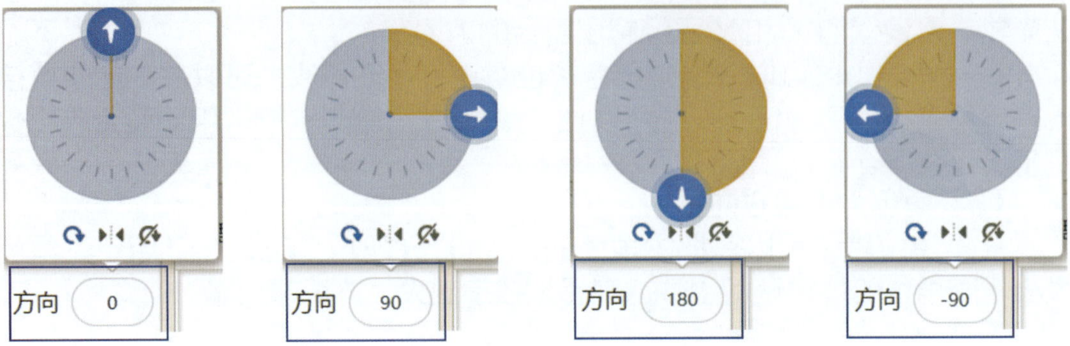

图 2-20　Mind+ 里上下左右的方向

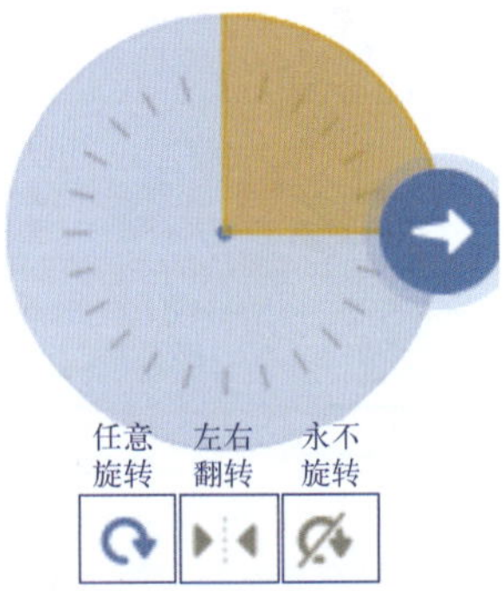

图 2-21　Mind+ 中角色的三种旋转方式

有时不希望角色方向乱变动，如图 2-21 所示，Mind+ 提供三种不同的旋转模式。

① 任意旋转：如图 2-22 所示，选择任意旋转时，角色的朝向随着方向值的改变而改变，Mind+ 软件默认是任意旋转。

② 左右翻转：如图 2-23 所示，选择左右翻转时，方向值在 0 ～ 180 范围时（右半部分），角色始终朝向右边；方向值在 -1 ～ -179 范围时（左半部分），角色始终朝向左边。角色仅仅是左右翻转。

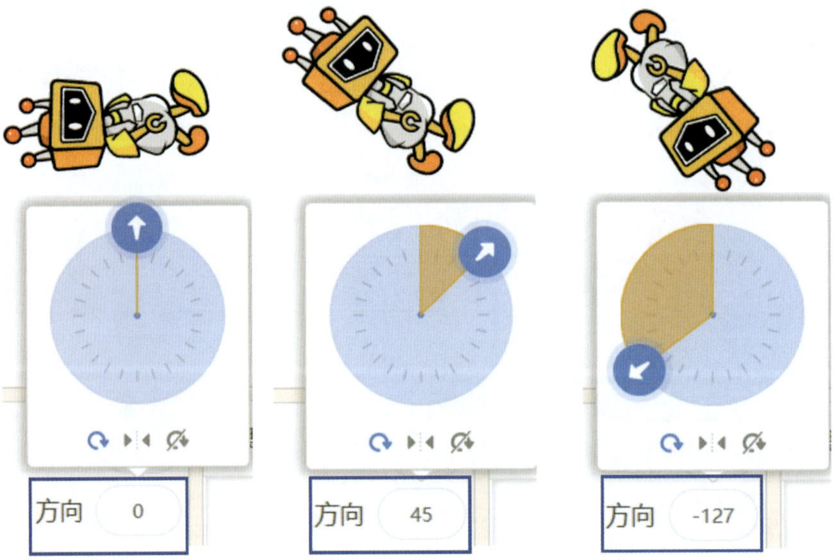

图 2-22　Mind+ 中角色的任意旋转

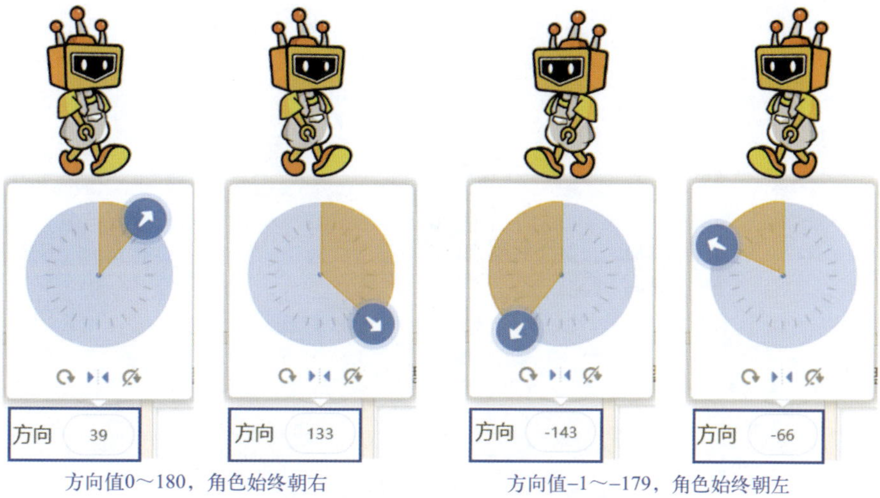

图 2-23　Mind+ 中角色的左右翻转

③ 永不旋转：如图 2-24 所示，选择永不旋转时，角色的朝向始终保持固定，不会随着方向值的改变而改变。

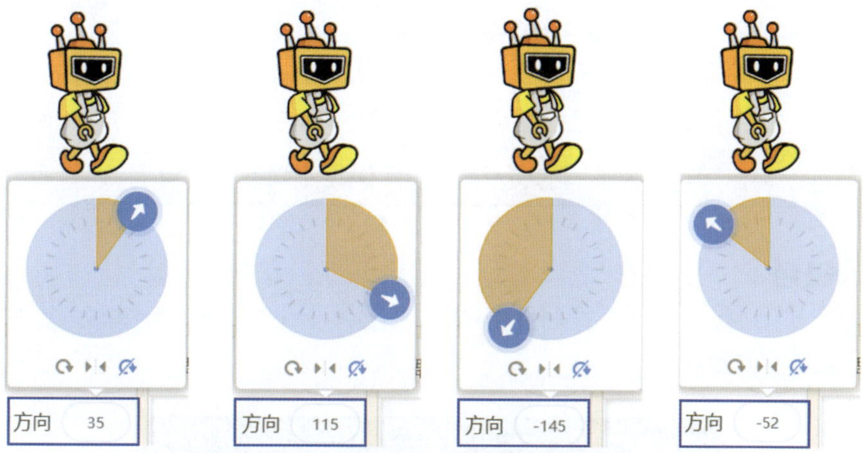

图 2-24　Mind+ 中角色的永不旋转

2.5　舞台演示区操作

如图 2-25 所示，舞台演示区主要用于演示编程的效果，还可以拖动角色、修改角色的位置、更换角色的层级。

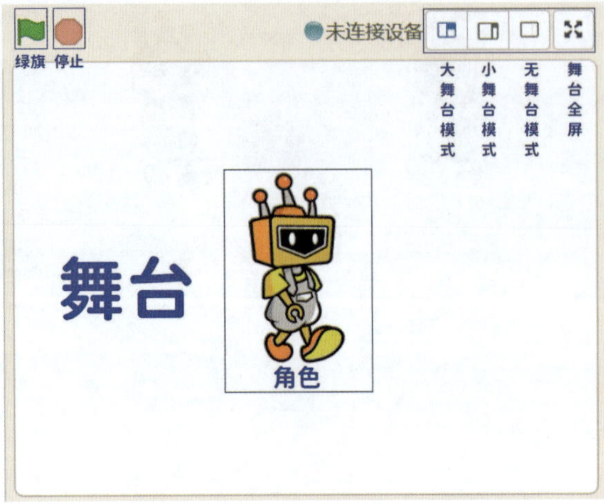

图 2-25　舞台演示区设置

舞台演示区的具体功能如表 2-3 所示。

表 2-3　舞台演示区功能列表

功能	具体说明
绿旗按钮	点击绿旗按钮，开始运行编写的程序
停止按钮	点击停止按钮（红色圆点），停止程序的运行
舞台模式	舞台拥有四种不同的展示方式，可满足不同的演示需求

（1）舞台

如图 2-26 所示，舞台是控制角色、显示舞台背景（一般是图片）、演示程序运行效果的场所。

图 2-26　舞台的概念

（2）舞台模式

如图 2-27 所示，Mind+ 编程软件中，舞台有四种不同的展示模式，分别是大舞台模式、小舞台模式、无舞台模式、舞台全屏。

① 大舞台模式：打开 Mind+ 编程软件时，默认的展示模式。

② 小舞台模式：舞台最小化，方便查看左侧的编程区。

③ 无舞台模式：舞台隐藏，增大编辑区，方便编辑复杂的程序。

④ 舞台全屏：舞台最大化，用于编写完的程序运行演示。

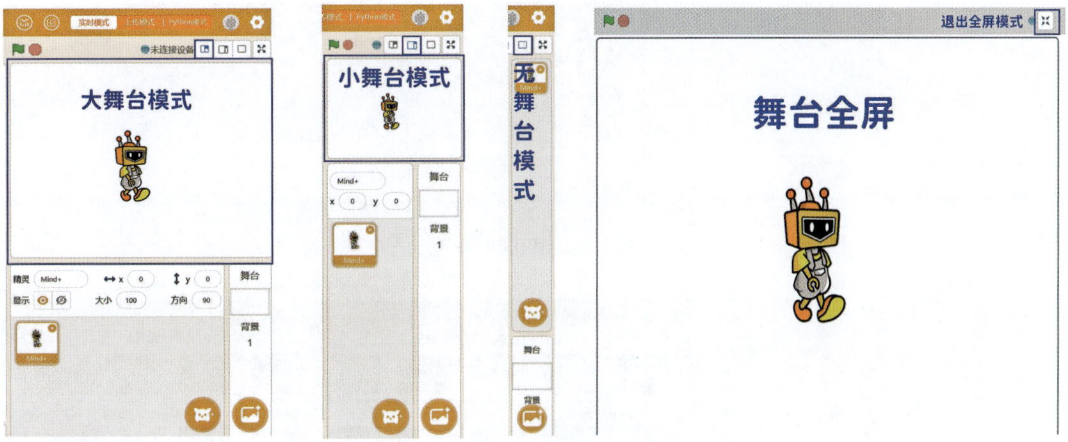

图 2-27　四种舞台模式

2.6　舞台背景编辑区操作

舞台背景是一张展示在舞台中的静态图片。如图 2-28 所示，舞台背景编辑区是对舞台背景进行编辑的区域，主要功能和操作包括：显示当前的舞台背景、显示舞台背景总数、添加舞台背景等。

（1）舞台背景信息显示

如图 2-28 所示，在舞台背景编辑区上半部分，实时显示作品当前舞台背景图片和作品总共的舞台背景个数。

（2）舞台背景添加

可以通过以下 4 种方式的任意一种添加舞台背景。

① 如图 2-29 所示，在 Mind+ 自带的背景库中选择一个背景图片。

② 如图 2-30 所示，使用 Mind+ 自带的画图工具手动绘制一个背景图片。

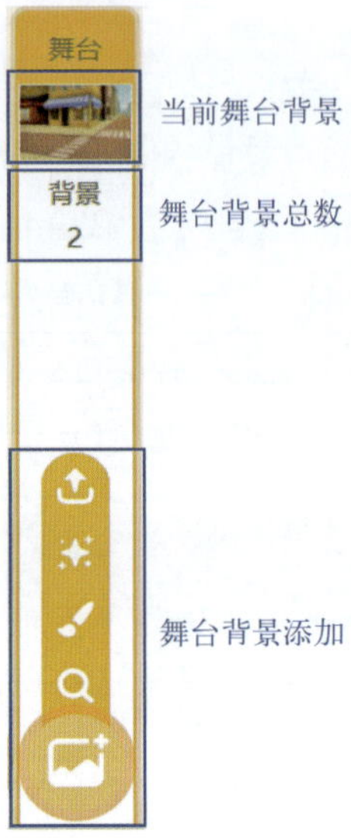

图 2-28　舞台背景编辑区

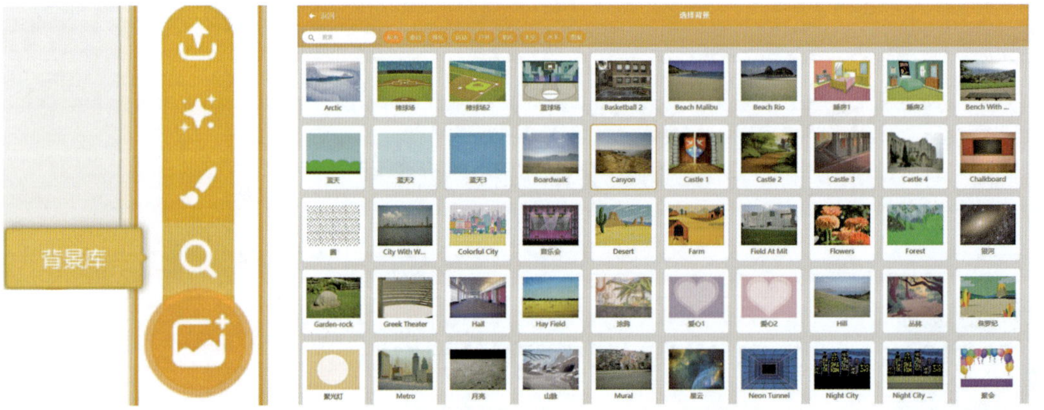

图 2-29　背景添加方式 1——背景库

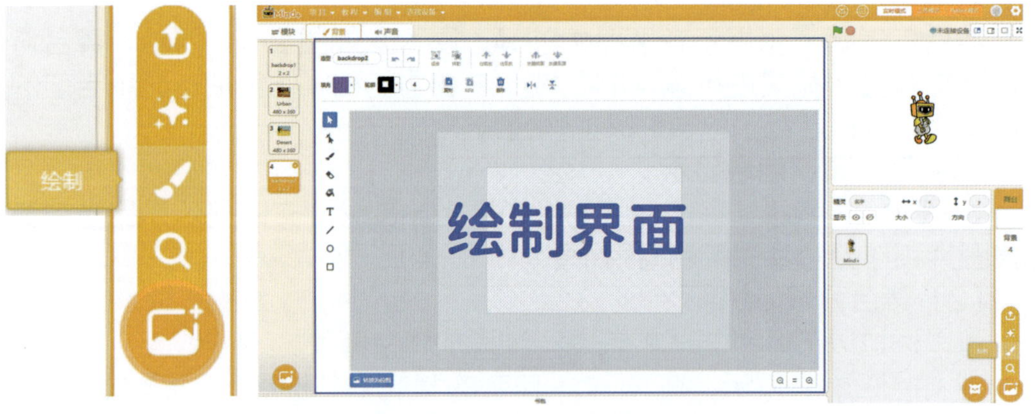

图 2-30　背景添加方式 2——绘制

③ 如图 2-31 所示，在 Mind+ 自带的背景库中随机选择一个背景。

④ 如图 2-32 所示，从电脑中选择图片，手动上传到 Mind+ 中作为背景使用。

图 2-31　背景添加方式 3——随机

图 2-32　背景添加方式 4——上传背景

2.7　功能区操作

图 2-33 所示为功能区所在界面位置，其功能如表 2-4 所示，点击功能区的标题可进行功能切换。

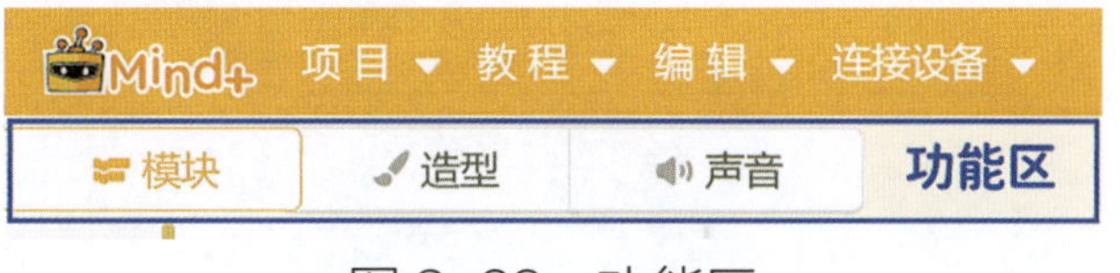

图 2-33　功能区

表 2-4　功能区功能列表

功能	具体说明
模块界面	也指图形化编程界面，Mind+ 打开默认是模块界面
造型（或背景）界面	若选中角色则显示造型；若选中舞台背景则显示背景
声音界面	对当前角色或背景的声音进行编辑

（1）模块界面

如图 2-34 所示，模块是 Mind+ 图形化编程学习的重点和难点，该部分以积木（也称为指令）为基本单元进行编程，积木分为基础积木和扩展积木。基础积木共有 9 种类型，分别是运动、外观、声音、事件、控制、侦测、运算符、变量、函数。每一种类型，都在积木区有对应的积木。选中角色或舞台背景时，在积木区对应的积木会不相同。将积木区的积木拖拽到编程区中，就可以实现编程。

(a) 选中角色后的模块界面　　(b) 选中舞台背景后的模块界面

图 2-34　功能区模块界面

（2）造型界面

如图 2-35 所示，若选中的是角色，则该界面显示“造型”标题，主要功能是创建、修改、管理角色的造型。每个角色在舞台上演示时是一张图片，

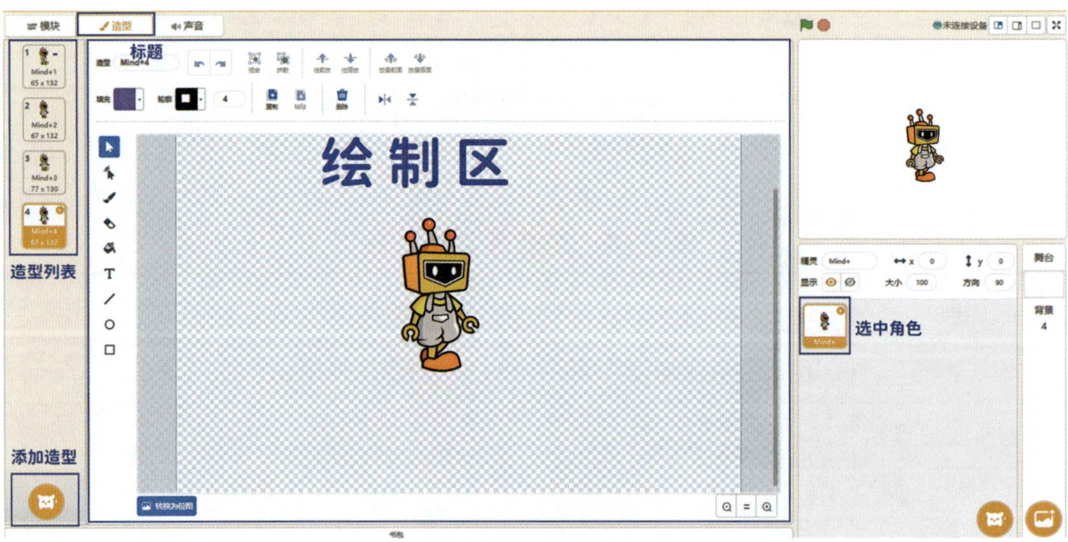

图 2-35　造型界面

同一个角色可能会有多张不同动作的图片，在 Mind+ 中就叫作角色的造型。与多张动画图片连续播放形成动画电影效果一样，角色需要多个不同的造型来完成各种动作。

① 造型列表：如图 2-36 所示，展示该角色的所有造型，每个造型都有一个名称和编号。点击造型右上角的“×”图标，可以删除选中的造型。

② 添加造型：如图 2-37 所示，与添加角色差不多，添加造型有选择一个造型、绘制、随机、上传造型、摄像头五种方式。支持电脑摄像头拍照添加造型。

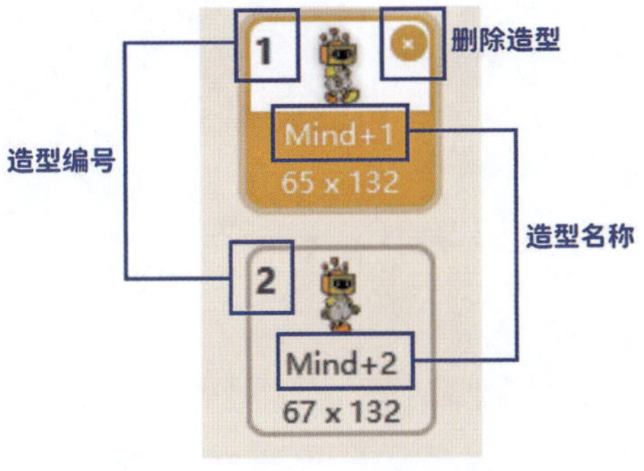

图 2-36　造型列表

图 2-37　添加造型

③ 修改造型：如图 2-38 所示，角色造型图片分为矢量图和位图两种

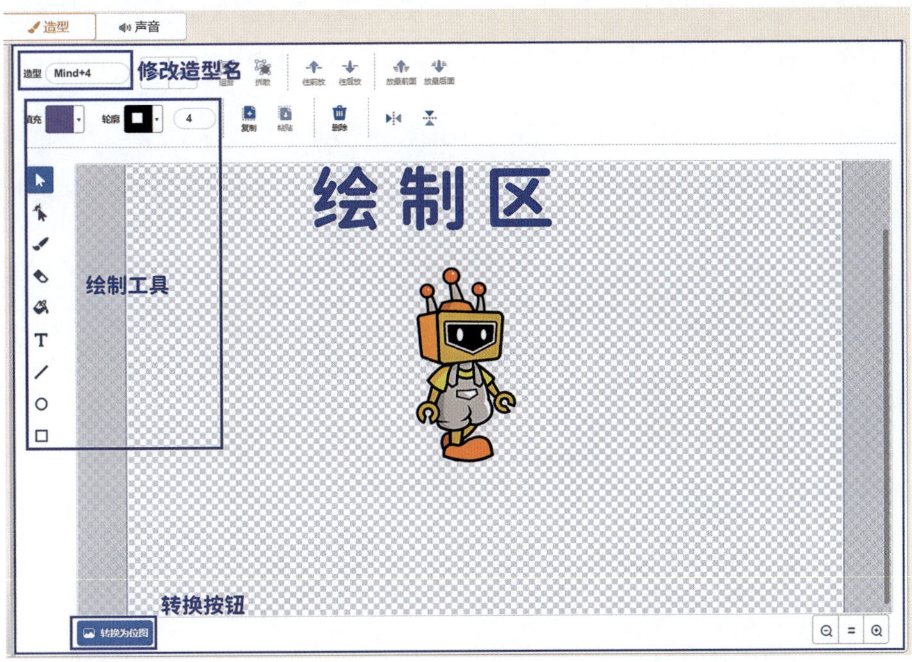

图 2-38　修改造型

格式，二者的主要区别是：矢量图放大不失真，位图放大失真。通过绘制工具可以对图片进行修改，通过绘制区底部的转换按钮可以进行矢量图和位图的切换。

（3）背景界面

如图 2-39 所示，若选中的是舞台背景，则该界面显示“背景”标题，主要功能是创建、修改、管理舞台背景图片。

图 2-39　背景界面

① 背景列表：如图 2-40 所示，可展示本次编程使用的所有舞台背景，每个舞台背景都有一个名称和编号。点击背景右上角的“×”图标，可以删除选中的舞台背景。

② 添加背景：如图 2-41 所示，与添加造型类似，添加背景有选择一个背景、绘制、随机、上传背景、摄像头 5 种方式。支持电脑摄像头拍照添加舞台背景。

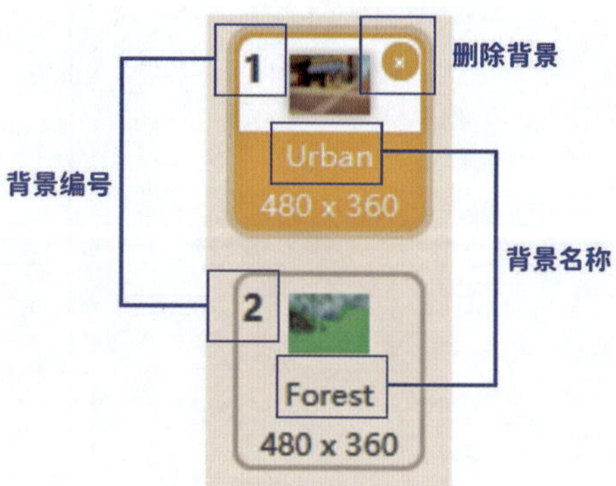

图 2-40　背景列表

图 2-41　添加背景

③ 修改背景：如图 2-42 所示，舞台背景图片分为矢量图和位图两种格式，二者的主要区别是：矢量图放大不失真，位图放大失真。通过绘制工具可以对图片进行修改，通过绘制区底部的转换按钮可以进行矢量图和位图的切换。

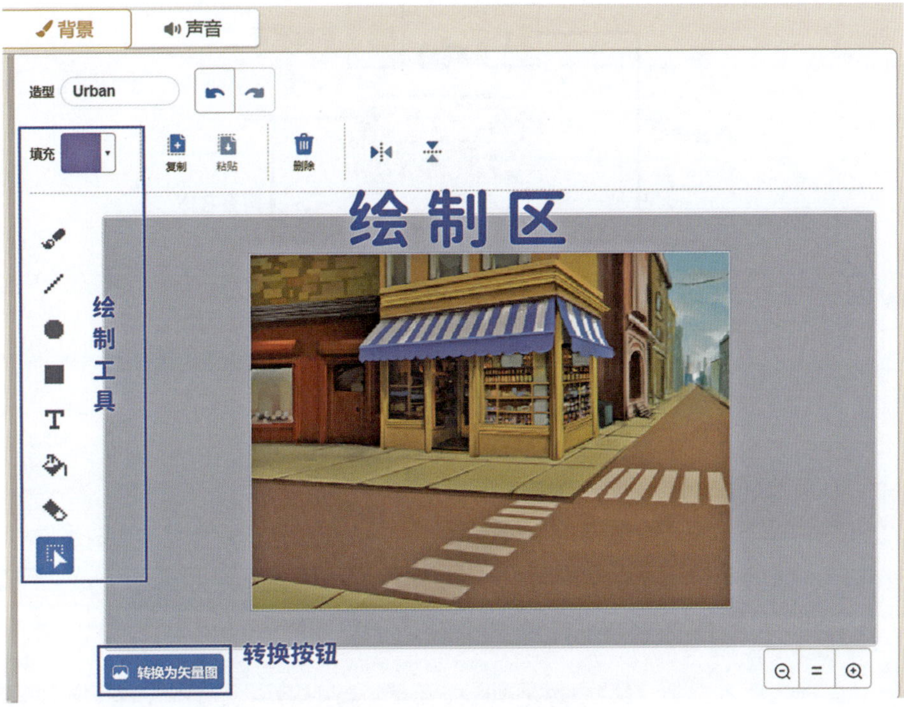

图 2-42　修改背景

（4）声音界面

如图 2-43 所示，当选中一个角色或者舞台背景后，可以为角色或舞台背景添加声音，以及对声音进行编辑。

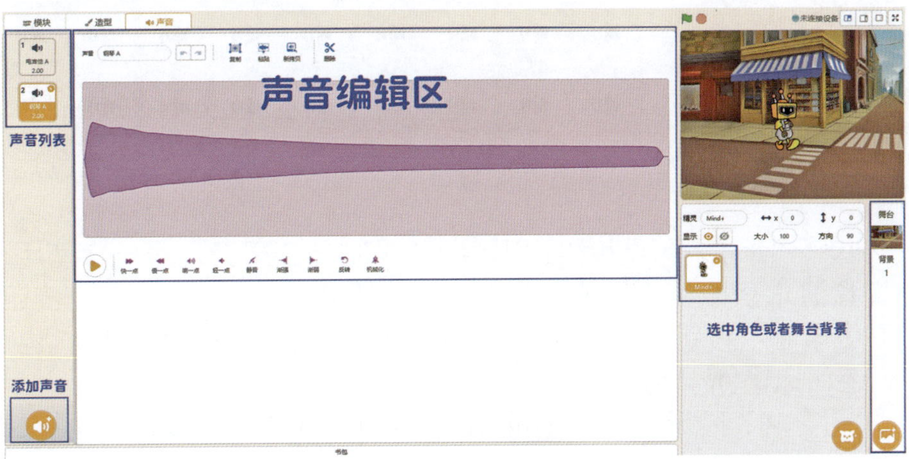

图 2-43　声音界面

① 声音列表：如图 2-44 所示，可展示本次编程中使用的所有声音，每个声音都有一个名称和编号。点击声音右上角的“×”图标，可以删除选中的声音。

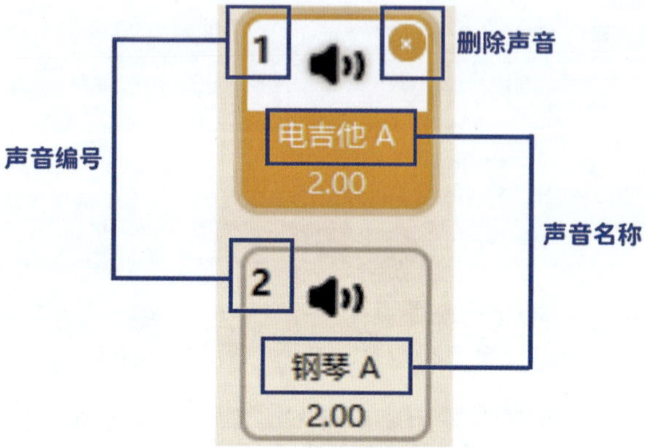

图 2-44　声音列表

② 添加声音：可以通过以下 4 种方式的任意一种添加声音。

a. 如图 2-45 所示，在 Mind+ 编程软件自带的声音库中选择一个声音，选中时，鼠标悬停在声音图标上，可以听到声音的播放效果。选中后返回声音界面。

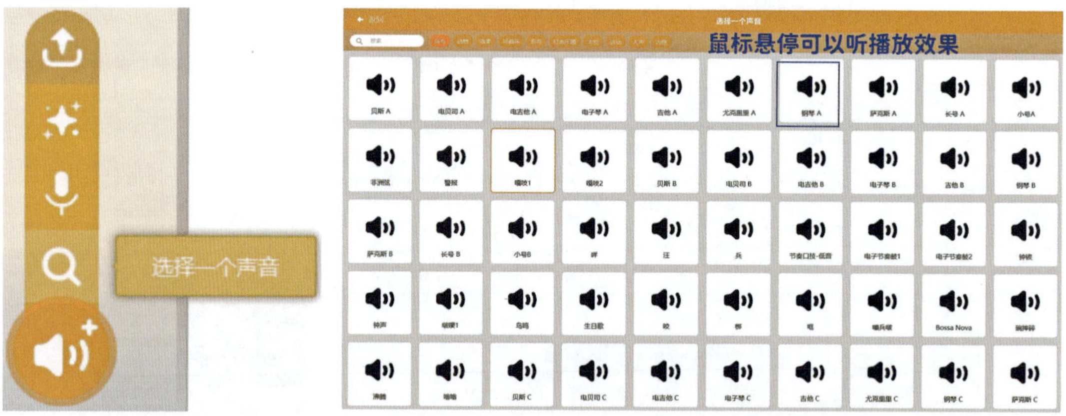

图 2-45　声音添加方式 1——选择一个声音

b. 如图 2-46 所示，使用麦克风手动录制一个声音。第一次使用时，会有系统弹窗请求获取麦克风权限，选择允许即可。点击“录制”按钮开始，点击“停止录制”按钮停止，可以使用鼠标截取录制声音的片段，也可以直接保存，还可以重新录制。

c. 如图 2-47 所示，在 Mind+ 编程软件自带的声音库中随机选择一个声音。

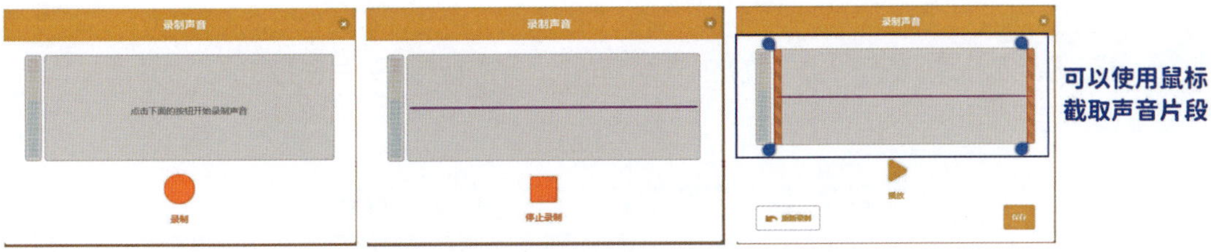

图 2-46　声音添加方式 2——录制

d. 如图 2-48 所示，从电脑中选择一个音频文件（MP3 或 WAV 格式），手动上传到 Mind+ 编程软件中作为声音使用。

图 2-47　声音添加方式 3——随机

图 2-48　声音添加方式 4——上传声音

③ 编辑声音：如图 2-49 所示，在声音效果区，不仅可以听见声音，还可以通过中间图形看见声音，图形上下之间的面积越大， 说明声音的音量越

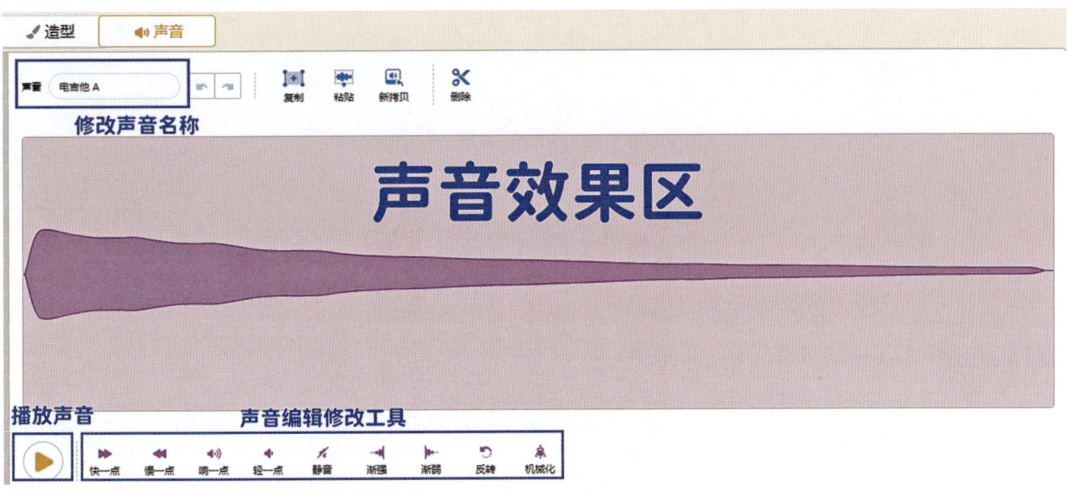

图 2-49　编辑声音

大。在左上角可以修改声音名称，通过底部的声音编辑修改工具可以对声音进行编辑修改，通过左下角播放声音按钮可试听修改后的效果。声音编辑修改工具的功能如表 2-5 所示。

表 2-5　声音编辑修改工具功能列表

功能	具体说明
快一点 / 慢一点	修改声音播放的速度
响一点 / 轻一点 / 静音	修改声音的音量
渐强 / 渐弱	音量从小变大或者从大变小，让声音实现渐进效果
反转	将声音的图形反转过来，反转后的音效可能会出乎意料
机械化	编辑声音变成类似机器人说话的效果

Mind+ 编程软件安装演示

第 3 章

Mind+ 编程积木

青少年创意编程与电子制作系列

CODING

会操作 Mind+ 后，接下来就要学习具体的编程。与同学们动手搭建积木可以得到一个房子类似，Mind+ 中也有用于编程的积木，如图 3-1 所示，在积木区，有各种编程积木，每一个积木就是一条指令（控制角色或舞台背景实现特定动作的命令）。当在编程区将积木进行拼接组合时，就是在实现图形化编程。

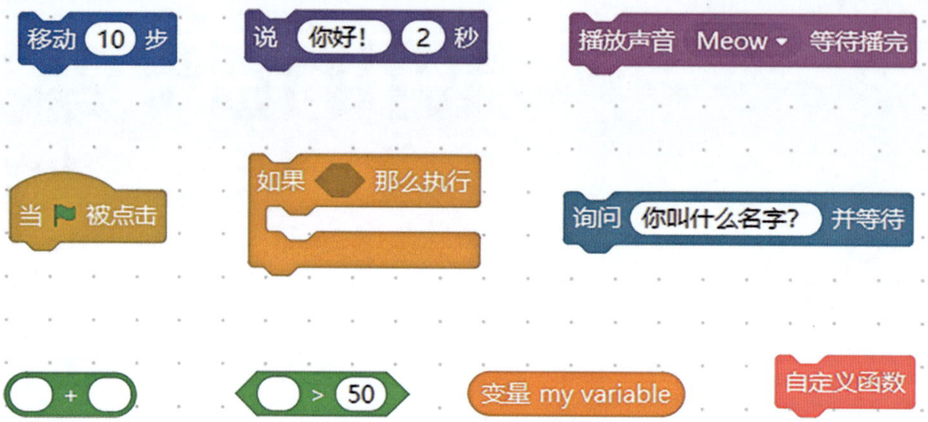

图 3-1　Mind+ 中的编程积木

3.1 编程积木分类

Mind+ 中的编程积木众多，通常按照颜色、形状和参数的不同进行分类。

图 3-2　积木按颜色分类

（1）按颜色分类

如图 3-2 所示，Mind+ 依据不同颜色将积木分为 9 种类型，分别是运动、外观、声音、事件、控制、侦测、运算符、变量和函数。具体功能如表 3-1 所示。

（2）按形状分类

Mind+ 依据不同形状对积木进行以下分类。

① 帽子形积木：如图 3-3 所示，帽子形积木用于启动程序，只能作为程序的第一个积木使用，上面（前面）不能拼接其他积木。

② 长方形积木：如图 3-4 所示，长方形积木是 Mind+ 中数量最多的积木，有 2 种形式，第 1 种在长方形的左侧有一个凹陷和凸出，积木间可以上下拼接。

表 3-1　积木功能列表

积木	具体功能
运动	深蓝色，控制角色的移动、转向、坐标位置等
外观	紫色，切换角色造型或舞台背景，控制角色说话或显示隐藏等
声音	粉紫色，控制角色发出各种声音以及播放舞台音乐、设置声音等
事件	黄色，启动程序或者控制角色传递信息（消息）
控制	浅橙色，控制其他积木，如使积木重复、停止脚本以及延时等
侦测	浅蓝色，监测鼠标键盘被按下或角色触碰颜色 / 物体会怎么样
运算符	绿色，主要用于数学运算、比较运算、逻辑运算、字符操作等
变量	深橙色，自己创建一个特殊的积木，用于存储数据
函数	红色，自己创建属于自己任务的编程积木

图 3-3　帽子形积木

图 3-4　第 1 种长方形积木

第 2 种在长方形的左侧只有一个凹陷，后面不能拼接其他积木，只能作为程序的最后一个积木使用，用于结束程序。如图 3-5 所示，Mind+ 中有 2 个这样的积木。

图 3-5　第 2 种长方形积木

③ 开口形积木：如图 3-6 所示，开口形积木有个“大肚子”，可以将凹凸的长方形积木拼接在里面，包括两个循环控制积木、一个条件循环控制积木和三

个条件控制积木。

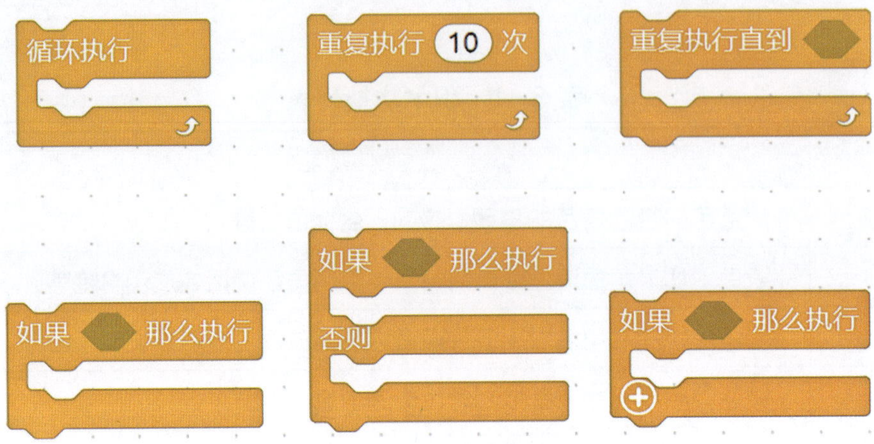

图 3-6　开口形积木

④ 椭圆形积木：如图 3-7 所示，椭圆形积木会有一个结果值（数字或字符串），类似于利用数学公式计算后获得的结果，通常被当作其他积木的参数使用。

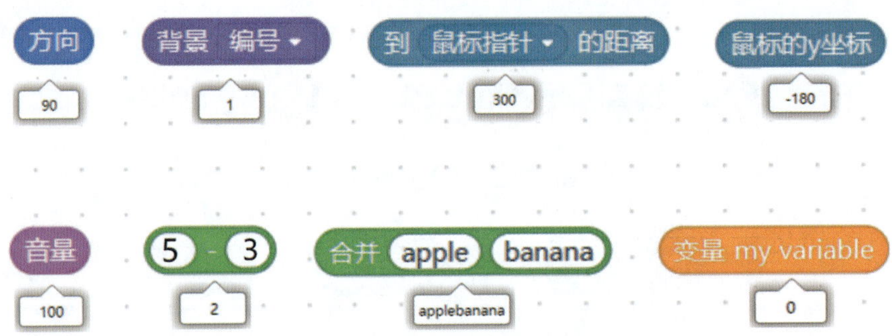

图 3-7　椭圆形积木

如图 3-8 所示，有些椭圆形积木的前面有个小方框（称为复选框），这样的椭圆形积木是 Mind+ 创建好的变量积木，当在小方框内打对号（√）时，可以在舞台上显示该变量积木的值。

⑤ 菱形积木：如图 3-9 所示，菱形积木使用时会获得一个 true 或 false（真或假）的判断结果，用于表示当前判断为真或假，通常被当作其他积木的参数使用。所有菱形积木都分布在侦测和运算符类中。

（3）按参数分类

参数类似数学中的未知数，给同一个积木设置不同的参数，就会出现不同的运行效果。Mind+ 依据参数不同对积木进行以下分类。

① 无参数积木：如图 3-10 所示，这类积木不需要设置参数，直接拖拽到编程区中进行编程。

图 3-8　带复选框的椭圆形积木

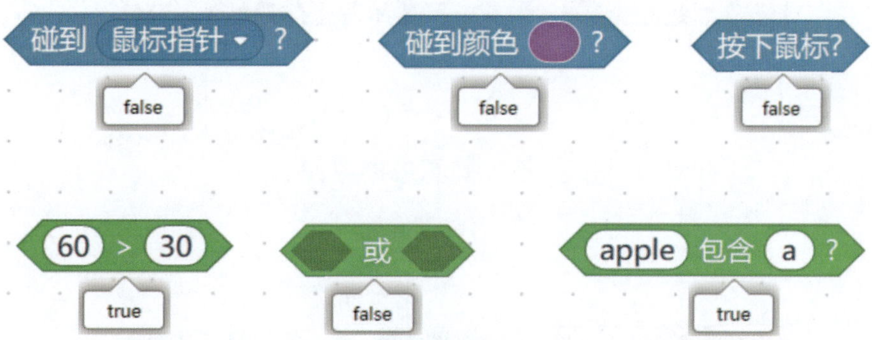

图 3-9　菱形积木

图 3-10　无参数积木

② 特定参数积木：如图 3-11 所示，特定参数积木有一个下拉框，编程时通过下拉框切换特定的参数。

③ 椭圆形参数积木：如图 3-12 所示，椭圆形参数积木通过手动输入参数值（数字、英文、中文等）或将形状分类里的椭圆形积木拿来当作参数。

④ 菱形参数积木：如图 3-13 所示，菱形参数积木是将形状分类里的菱形积木拿来作参数。

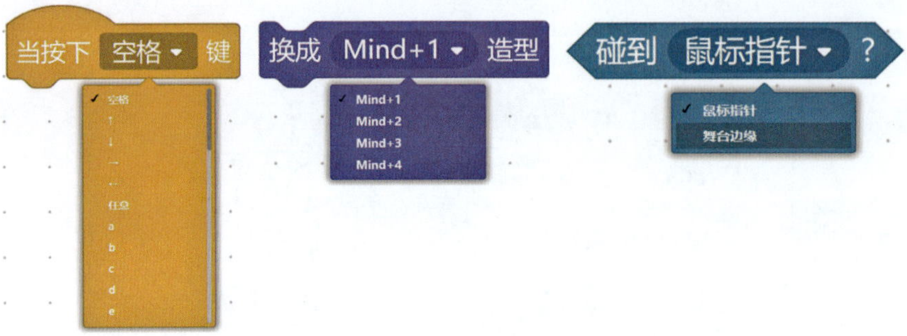

图 3-11　特定参数积木

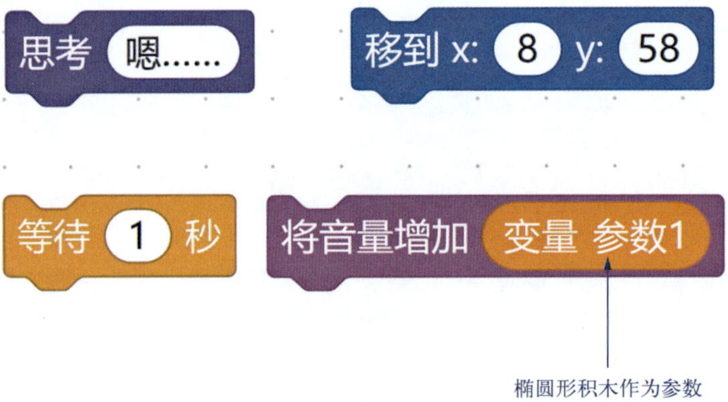

图 3-12　椭圆形参数积木

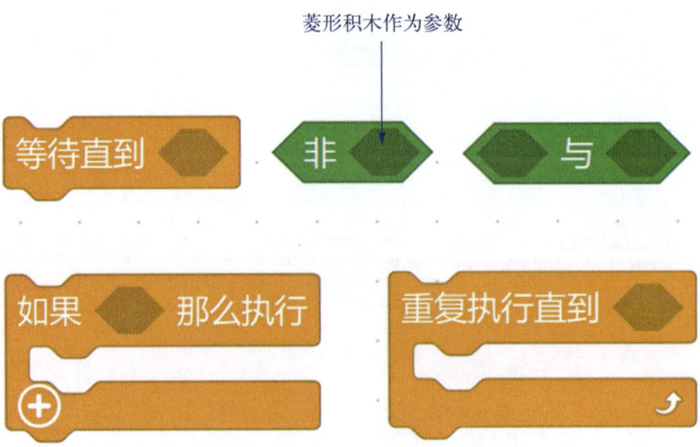

图 3-13　菱形参数积木

3.2 编程积木拖拽

在进行 Mind+ 图形化编程之前，需要把积木区的积木先拖拽到编程区，拖拽就是把鼠标指针移动到相应的积木上，然后按住鼠标左键，积木就会跟随鼠标移动，把积木移动到编程区目标位置后松开鼠标，积木就被放到编程区了。拖拽过程如图 3-14 所示。

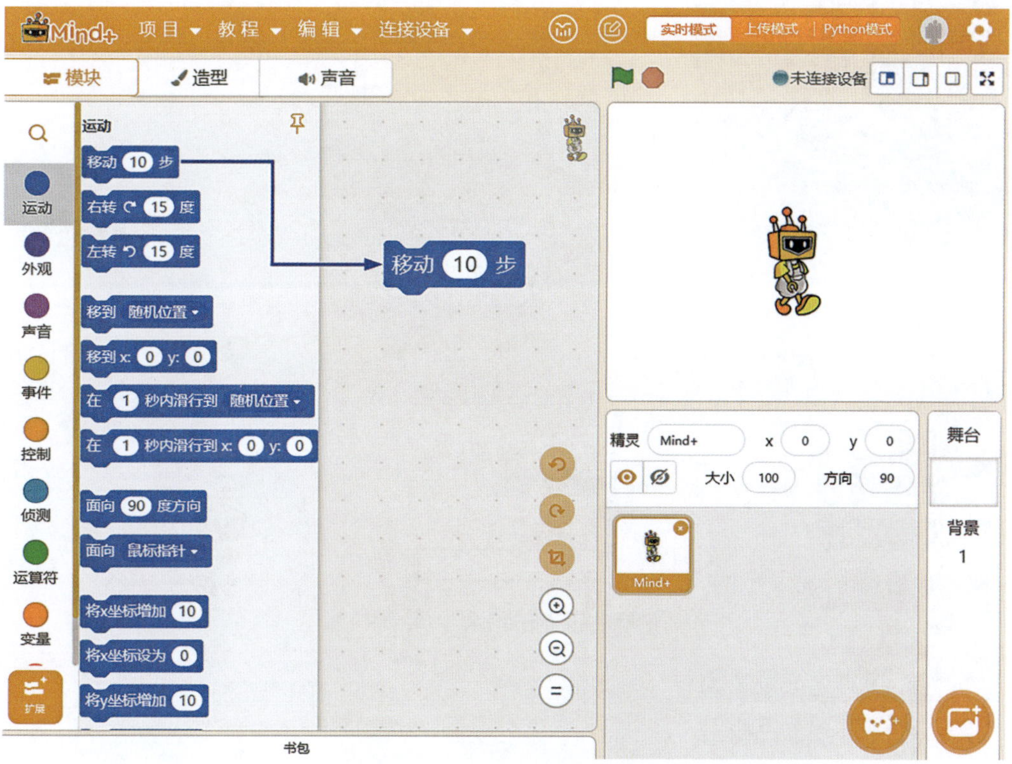

图 3-14　积木拖拽过程

当编程区的积木要删除时，可以采用 2 种方法删除：

① 如图 3-15 所示，把鼠标指针移动到需要删除的积木上，然后按住鼠标左键，积木就会跟随鼠标移动，把积木拖拽回积木区后松开鼠标，积木就被删除了。

② 如图 3-16 所示，鼠标右键点击积木，弹出菜单，选择“删除”，进而可删除积木。

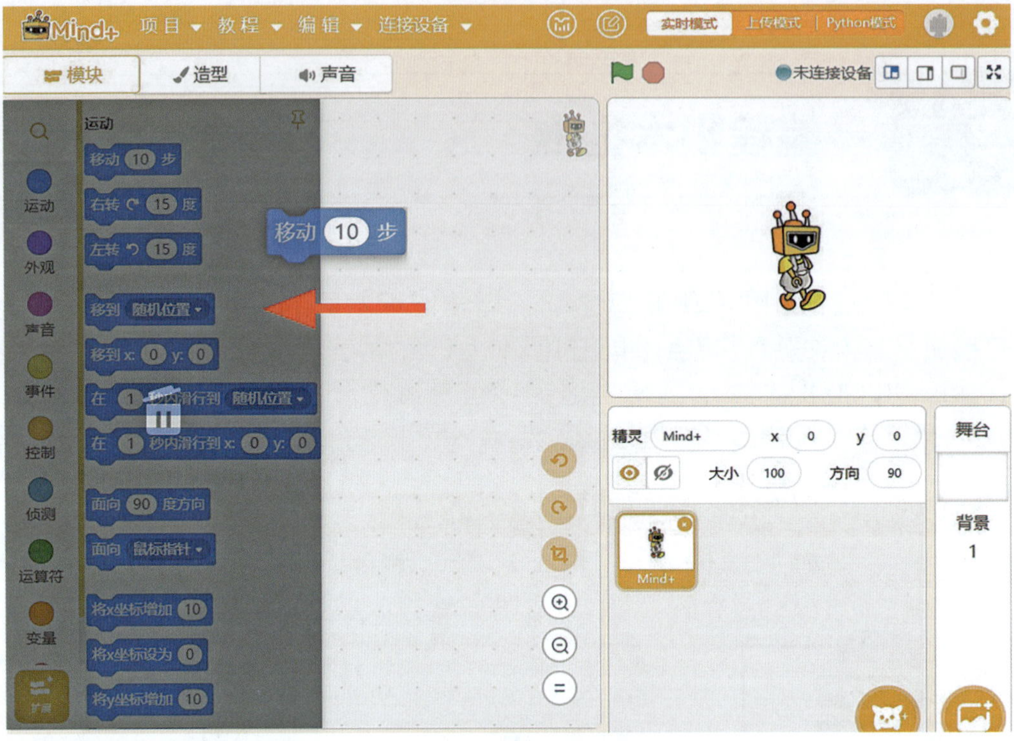

图 3-15　删除积木方法 1

图 3-16　删除积木方法 2

3.3　编程积木拼接

将积木拖拽到编程区并没有完成编程，还必须保证上下积木之间的有效拼接。所谓“有效拼接”是指上下积木的凹凸位置必须对齐且紧挨在一起。而两个积木之间有空隙则是无效拼接，积木是不执行对应功能的。图 3-17 展示了积木的无效拼接和有效拼接。

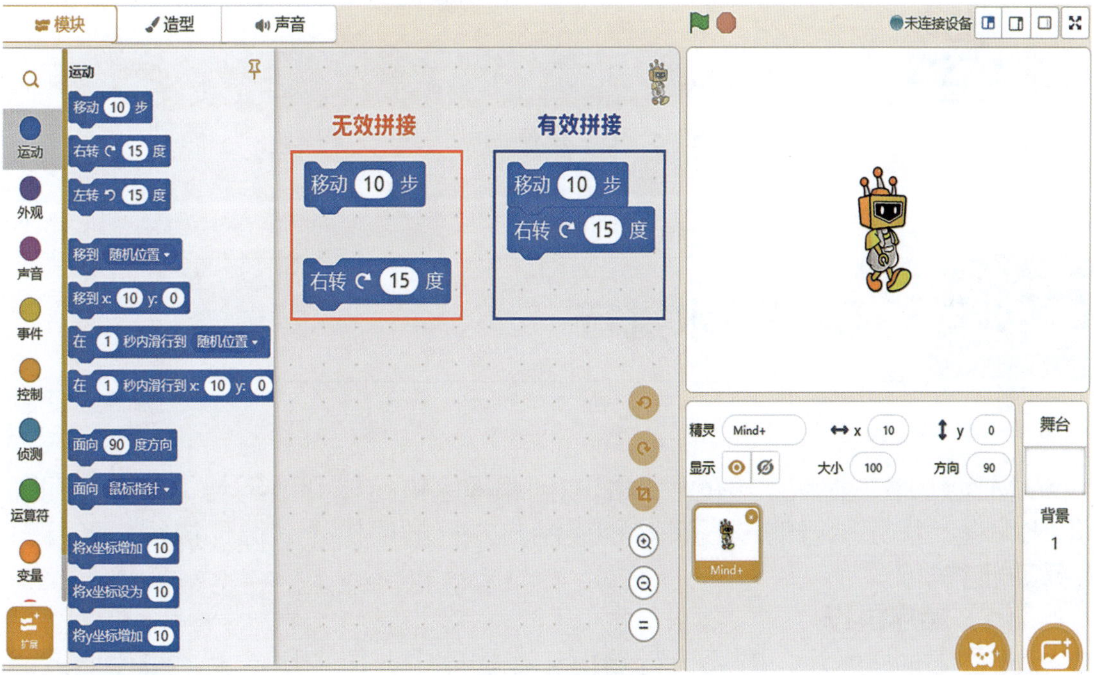

图 3-17　积木的拼接

如图 3-18 所示，在 Mind+ 图形化编程时，一般采用从上往下的顺序拼接积木，即上方的积木不动，移动下方的积木靠近上方的积木，当两个积木之间的距离小到一定程度时，就会出现阴影，这时松开鼠标左键，就会自动完成拼接。

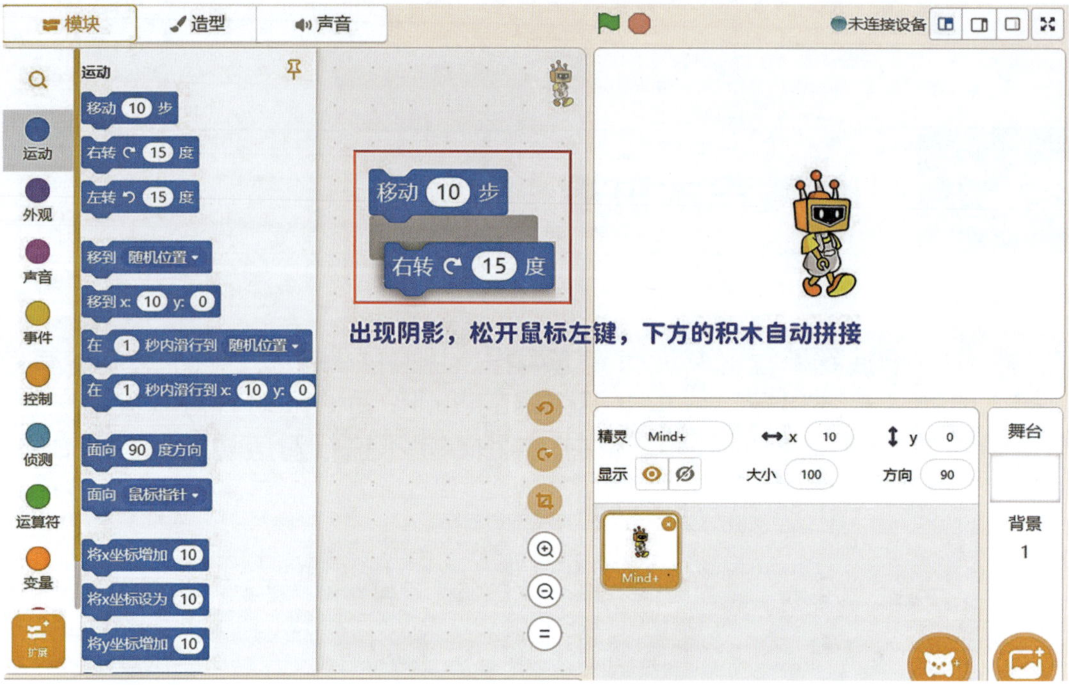

图 3-18　积木自动拼接

3.4 编程积木执行

Mind+ 中，将积木区的积木拖拽到编程区进行排列或组合，就能实现图形化编程。程序执行的过程有 4 种控制方式：顺序执行、循环执行、条件执行和同时执行。

（1）顺序执行

如图 3-19 所示，顺序执行是指：在程序中，每个积木上下拼接，按照从上至下的顺序依次执行。

（2）循环执行

如图 3-20 所示，循环执行是指：在程序中，某些积木会多次重复使用，可以将重复的积木放入控制类中的 3 个重复执行积木中，进行循环执行。

（3）条件执行

如图 3-21 所示，条件执行是指：在程序中，某些积木只有满足一定的条件后才能执行，可以利用控制类中的 3 个条件控制积木进行条件执行。

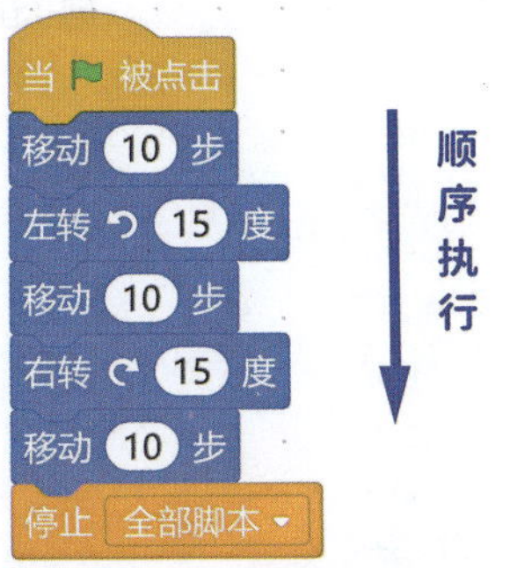

图 3-19　积木顺序执行

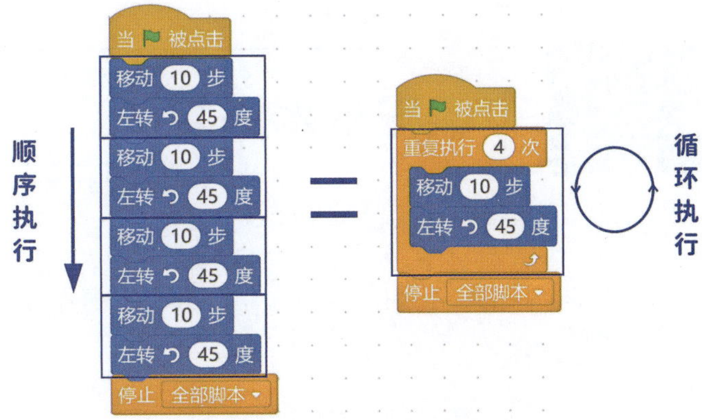

图 3-20　积木循环执行

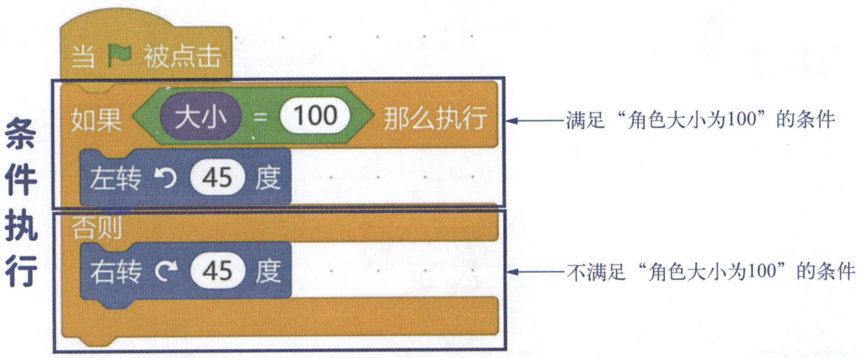

图 3-21　积木条件执行

（4）同时执行

如图 3-22 所示，可以支持多个积木组合块同时执行，让角色同时完成多个动作。

图 3-22　积木同时执行

3.5 编程积木练习

Mind+ 编程积木分类演示

Mind+ 中涉及的积木众多，因此针对本书的编程知识，图 3-23 给出了练习建议：

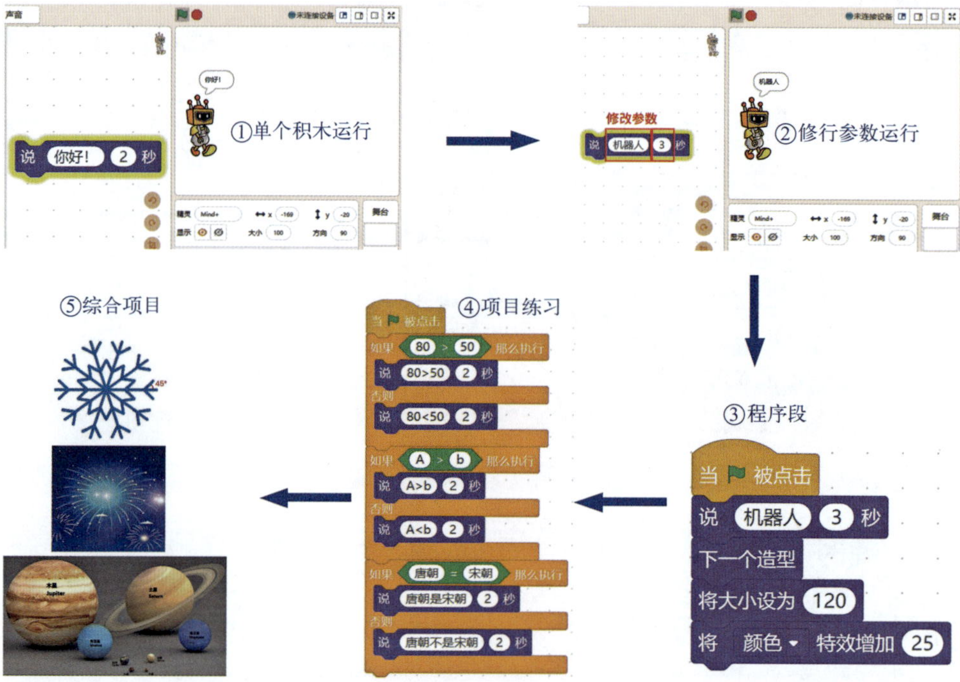

图 3-23　编程积木练习过程

① 针对第 4 ~ 13 章详细讲述的每一个积木，将其拖拽到编程区，然后鼠标左键单击积木，此时会在舞台上运行该积木的功能，直观感受积木的主要功能。

② 在直观了解每一个积木的主要功能基础上，针对带参数的复杂积木，尝试改变每一个参数，然后鼠标左键单击积木，仔细揣摩、理解积木具体的功能。

③ 针对第 4 ~ 13 章详细讲述的每一类型积木，尝试将多个积木组合拼接成程序段（或者程序块），完成一些简单的功能或任务。

④ 针对第 4 ~ 13 章中每章最后的项目练习进行较复杂的编程练习。

⑤ 针对第 14 ~ 16 章的综合项目按照流程进行科技创意作品（或者综合项目任务）的设计和实现。

第4章 运动积木编程

青少年创意编程与电子制作系列

{CODING}

通过 2.4 节的学习，我们掌握了手动设置角色在舞台中的位置和方向的知识，其实除了手动设置，还可以通过编程自动让角色在舞台上改变位置和方向，这就需要用到运动积木。

4.1 运动积木简介

在 Mind+ 中，运动积木主要完成如下功能：

① 设置角色位置；

② 改变角色方向；

③ 实时显示角色的位置和方向。

前面 2.7 节中介绍过，在 Mind+ 中，选中角色或舞台背景时，在积木区对应的积木会不相同。图 4-1 为选中角色和选中舞台背景时对应的运动积木，选中舞台背景时没有对应的运动积木。

图 4-1　选中角色和舞台背景时对应的运动积木

4.2 设置角色位置

如图 4-2 所示，在运动积木中，设置角色位置的积木有 3 种类型：移动积木（3 个）、滑动积木（2 个）、坐标修改积木（4 个）。具体功能如

表 4-1 ~ 表 4-9 所示。

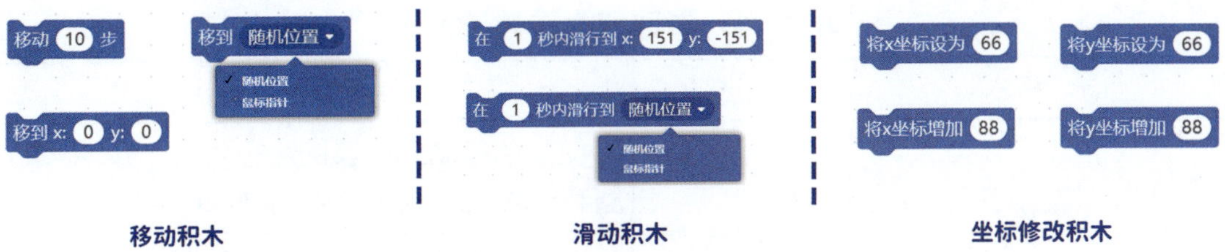

图 4-2　设置角色位置积木

(1) 移动积木

表 4-1　移动积木 1 功能列表

积木	选项	具体功能
移动 10 步	功能	使角色移动参数设置的步数
	参数	椭圆形参数，1 步表示 1 个像素，参数大于 0，向角色同方向移动。参数小于 0，向角色相反方向移动。默认 10

表 4-2　移动积木 2 功能列表

积木	选项	具体功能
移到 随机位置	功能	使角色移动到参数设置的位置
	参数	特定参数，下拉框切换参数选项，添加角色后，选项会增加角色名称。 ① 随机位置：移动到舞台中的任意位置，每次移动的位置不相同。 ② 鼠标指针：移动到鼠标在舞台中的位置。 ③ 角色名称：移动到所选角色的坐标位置。可使用变量积木作为参数

表 4-3　移动积木 3 功能列表

积木	选项	具体功能
移到 x: 0 y: 0	功能	使角色移动到参数设置的坐标位置
	参数	椭圆形参数，代表角色移动的目标坐标值。 默认参数（0，0），默认参数会随着角色在舞台中的位置的变化发生改变

（2）滑动积木

表 4-4　滑动积木 1 功能列表

积木	选项	具体功能
	功能	使角色移动到设置的坐标位置，体现移动过程，移动所用时间为设置时间参数
	时间参数	椭圆形参数，角色从当前位置移动到目标位置所用时间。以秒为单位，默认 1
	坐标参数	椭圆形参数，角色移动到的目标坐标值。默认参数（0，0），默认参数随着角色在舞台中的位置的变化发生改变

表 4-5　滑动积木 2 功能列表

积木	选项	具体功能
	功能	使角色移动到参数位置，体现移动过程，移动所用时间为设置的时间参数
	时间参数	椭圆形参数，角色从当前位置移动到目标位置所用时间。以秒为单位，默认 1
	目标参数	特定参数，下拉框切换参数选项，添加角色后，选项会增加角色名称。 ① 随机位置：移动到舞台中的任意位置，每次移动的位置不相同。 ② 鼠标指针：移动到鼠标在舞台中的位置。 ③ 角色名称：移动到所选角色的坐标位置。可使用变量积木作为参数

（3）坐标修改积木

表 4-6　坐标修改积木 1 功能列表

积木	选项	具体功能
	功能	将角色移动到设置的 x 坐标位置，y 坐标不变，控制角色左右移动
	参数	椭圆形参数，默认 0，该参数随着角色在舞台中的 x 坐标的变化而发生改变

表 4-7　坐标修改积木 2 功能列表

积木	选项	具体功能
将x坐标增加 (10)	功能	将角色移动到 x 值增加后的新坐标位置，y 坐标不变，控制角色左右移动
	参数	椭圆形参数，默认 10。数字大于 0，角色水平向右移动；数字小于 0，角色水平向左移动

表 4-8　坐标修改积木 3 功能列表

积木	选项	具体功能
将y坐标设为 (0)	功能	将角色移动到设置的 y 坐标位置，x 坐标不变，控制角色上下移动
	参数	椭圆形参数，默认 0，该参数随着角色在舞台中的 y 坐标的变化而发生改变

表 4-9　坐标修改积木 4 功能列表

积木	选项	具体功能
将y坐标增加 (10)	功能	将角色移动到 y 值增加后的新坐标位置，x 坐标不变，控制角色上下移动
	参数	椭圆形参数，默认 10。数字大于 0，角色垂直向上移动；数字小于 0，角色垂直向下移动

4.3 设置角色方向

编程中除了设置角色位置，很多时候还需要角色的方向也发生改变。如图 4-3 所示，在运动积木中，设置角色方向的积木有 3 种类型：转向积木（2 个）、面向积木（2 个）、旋转反弹积木（2 个）。具体功能如表 4-10 ~ 表 4-15 所示。

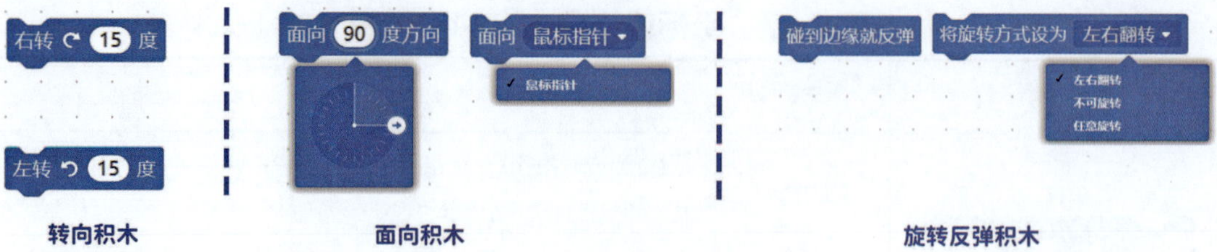

图 4-3　设置角色方向积木

（1）转向积木

表 4-10　转向积木 1 功能列表

积木	选项	具体功能
	功能	使角色右转（顺时针）旋转参数设置的角度
	参数	椭圆形参数，旋转的角度，以度为单位，默认 15

表 4-11　转向积木 2 功能列表

积木	选项	具体功能
	功能	使角色左转（逆时针）旋转参数设置的角度
	参数	椭圆形参数，旋转的角度，以度为单位，默认 15

（2）面向积木

表 4-12　面向积木 1 功能列表

积木	选项	具体功能
	功能	使角色面向设置角度的方向
	参数	椭圆形参数，面向的方向值，以度为单位，默认 90。可以通过箭头旋转选择方向值，也可以直接输入数字

表 4-13　面向积木 2 功能列表

积木	选项	具体功能
	功能	使角色面向选中参数选项的方向

续表

积木	选项	具体功能
面向 鼠标指针 ▾	参数	特定参数，下拉框切换参数选项，添加角色后，选项会增加角色名称。 ① 鼠标指针：角色面向鼠标指针所在的方向。 ② 角色名称：面向选中角色所在的方向，可使用变量积木作为参数

（3）旋转反弹积木

表 4-14　旋转反弹积木 1 功能列表

积木	选项	具体功能
碰到边缘就反弹	功能	当角色移动到舞台边缘时，自动反弹回来，而不会移出舞台
	参数	无

表 4-15　旋转反弹积木 2 功能列表

积木	选项	具体功能
将旋转方式设为 左右翻转 ▾	功能	改变角色的旋转方式
	参数	特定参数，下拉框切换参数选项，选项为左右翻转、不可旋转和任意旋转。默认左右翻转

4.4　运动变量积木

在编程过程中，可能会实时地查看角色当前的位置或方向。如图 4-4 所示，在运动积木中，能实时显示角色的位置、方向的积木主要是 3 个带小方框的积木：x 坐标积木，y 坐标积木，方向积木。这 3 个积木是 Mind+ 自带的变量积木，具体功能如表 4-16 ～表 4-18 所示。

图 4-4　运动变量积木

表 4-16　运动变量积木 1 功能列表

积木	选项	具体功能
x 坐标	功能	作为变量积木使用，用于获取选中角色当前的 x 坐标值
	参数	无。选中小方框，在舞台上实时显示选中角色当前的 x 坐标值

表 4-17　运动变量积木 2 功能列表

积木	选项	具体功能
y 坐标	功能	作为变量积木使用，用于获取选中角色当前的 y 坐标值
	参数	无。选中小方框，在舞台上实时显示选中角色当前的 y 坐标值

表 4-18　运动变量积木 3 功能列表

积木	选项	具体功能
方向	功能	作为变量积木使用，用于获取选中角色当前的方向值
	参数	无。选中小方框，在舞台上实时显示选中角色当前的方向值

如图 4-5 所示，在编程过程中，选中某个角色，再勾选 3 个变量积木的小方框，就会在舞台上显示出该角色当前的坐标和方向值。

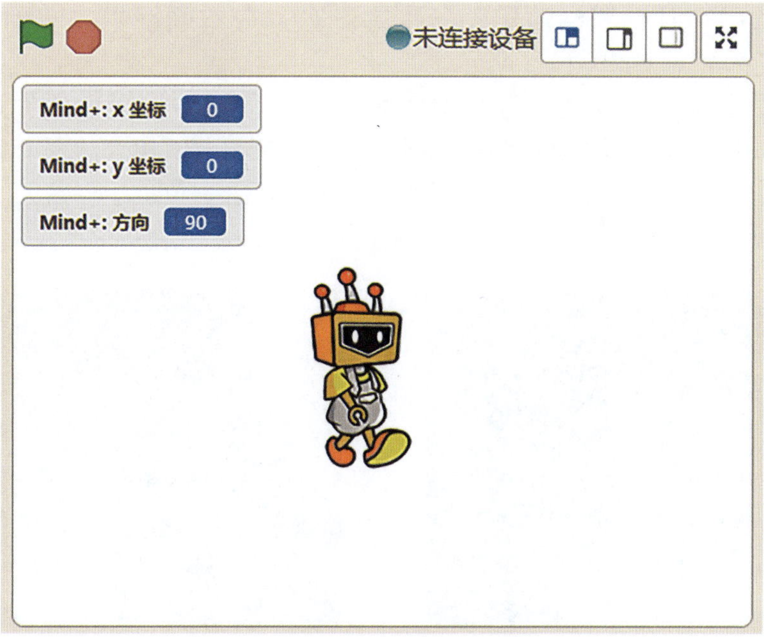

图 4-5　运动变量积木的应用

4.5 项目练习

基于本章内容的学习，我们掌握了如何通过运动积木来改变角色的位置和方向，包括角色的瞬间移动、慢速滑动、方向改变和旋转模式，以及角色碰到舞台边缘就反弹。最后，通过带小方框的积木来实时显示选中角色的坐标和方向值。下面通过“太空馆参观的一天”练习项目对本章学习情况进行检验。

（1）编程前思考

在开始编程之前，先来思考以下几个问题：

① 该项目有几个舞台背景？分别是什么？

② 该项目有几个声音？分别是什么？

③ 该项目有几个角色？分别是什么？

④ 该项目中舞台需要完成什么？

⑤ 该项目中每个角色都需要完成什么？

带着上面的思考问题，开始分析“太空馆参观的一天”练习项目。

① 该项目有几个舞台背景？分别是什么？在本项目中，使用 1 个舞台背景——“太空 4”，如图 4-6 所示。

② 该项目有几个声音？分别是什么？在本项目中没有使用到声音。

③ 该项目有几个角色？分别是什么？如图 4-7 所示，在本项目中，存在 4 个角色，分别是：Mind+、Mind+ 科学家、Mind+ 宇航员 - 站立、Mind+ 宇航员 - 飞船❶。

图 4-6　项目的舞台背景

图 4-7　项目的角色

④ 该项目中舞台需要完成什么？本项目中舞台不需要进行编程。

⑤ 该项目中每个角色都需要完成什么？在本项目中，科学家、宇航员（站立）、宇航员（飞船）什么也没做，无需编程，麦的佳主要完成：

a. 麦的佳先面向左，走到科学家面前；

b. 麦的佳再面向右，走到宇航员（站立）面前；

c. 麦的佳继续面向右，走到宇航员（飞船）面前。

（2）编程前准备

通过上面的项目思考与分析，在开始拖拽积木编程之前，先做好项目的准备：添加舞台背景和角色。点击“菜单栏”→“项目”→“新建项目”，默认会创建角色——机器人“麦的佳”。

① 添加舞台背景。如图 4-8 所示，点击“舞台背景编辑区”→“舞台背景添加”→“背景库”→“太空”，在 Mind+ 自带的背景库中选择背景图片——“太空 4”。

② 添加角色。

步骤一：除了默认角色麦的佳外，多次点击“角色编辑区”→“角色添加”→“角色库”→“Mind+”，在 Mind+ 自带的角色库中选择图 4-9 中的“Mind+ 科学家”“Mind+ 宇航员 - 站立”“Mind+ 宇航员 - 飞船”这 3 个角色。

❶ “Mind+”是每当打开 Mind+ 软件就默认创建好的一个卡通机器人角色。在本书中，“Mind+”角色称为“麦的佳”；“Mind+ 科学家”角色简称为“科学家”；“Mind+ 宇航员 - 站立”角色简称为“宇航员（站立）”；“Mind+ 宇航员 - 飞船”简称为“宇航员（飞船）”。

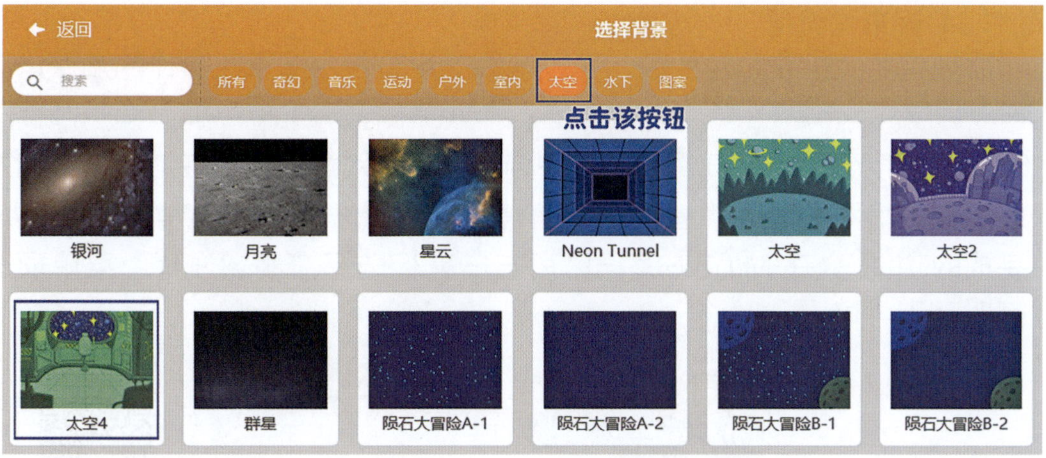

图 4-8　添加项目的舞台背景

图 4-9　添加项目的角色

步骤二：通过第 2 章学习的 Mind+ 软件操作，如图 4-10 所示，在角色编辑区拖动每个角色调整它们的位置、大小和方向，让它们处于初始的状态。

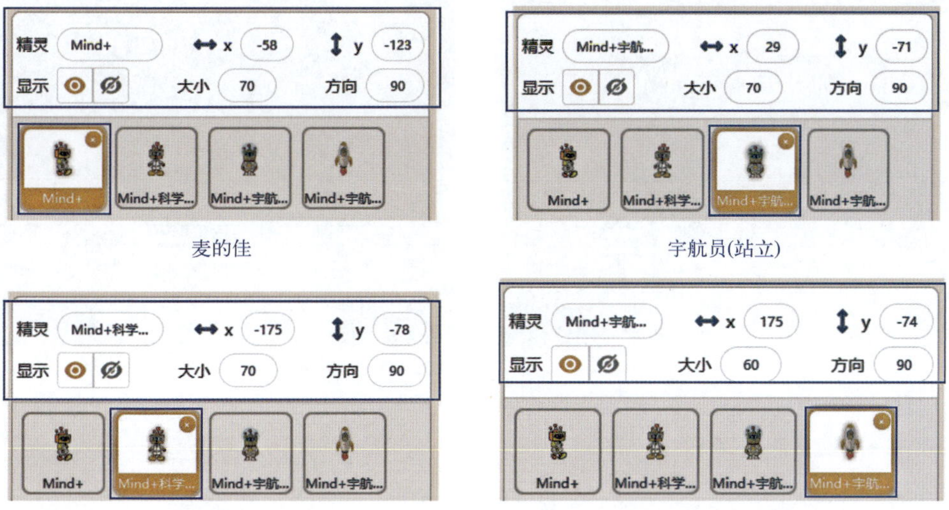

图 4-10　角色初始状态调整

（3）图形化编程

添加完舞台背景和角色后，通过前面 2.5 节舞台演示区操作的知识，可知当点击绿旗按钮时，开始运行程序，因此编程第 1 个积木通常是事件积木中的「当 ⚑ 被点击」，该积木会在后续章节中详细学习。对角色麦的佳进行编程的完整程序如图 4-11 所示。其中黄色背景的文字称为注释（用于解释该段程序完成的功能），在 Mind+ 编程区可右击鼠标选择“添加注释”菜单项进行添加。

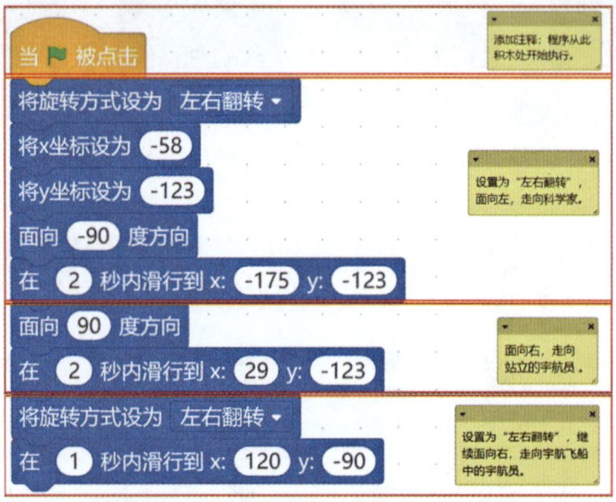

图 4-11　项目的完整程序

运动积木编程案例演示

（4）运行效果

程序编写完成后，点击“⚑”运行，部分效果图如图 4-12 所示。

图 4-12　项目运行的部分效果图

到此第一个 Mind+ 程序编写完成并运行。怎么样？是不是并不复杂？只需要拖拽积木就可以完成一个小作品。同学们可以根据自己的创意扩展新任务。

第 5 章

外观积木编程

青少年创意编程与电子制作系列

{CODING}

通过 2.5 ~ 2.7 节的学习，我们掌握了手动设置角色造型和舞台背景等外观知识，除了手动设置，还可以通过编程自动改变角色造型和舞台背景，这就需要用到外观积木。

5.1 外观积木简介

在 Mind+ 中，外观积木主要完成如下功能：

① 角色说话和思考；

② 设置造型和背景；

③ 设置角色大小和特效；

④ 角色显示和隐藏。

在 Mind+ 中，选中角色或舞台背景时，在积木区对应的积木会不相同。图 5-1 为选中角色和选中舞台背景时对应的外观积木。

图 5-1　选中角色和舞台背景时对应的外观积木

5.2 角色说话和思考

如图 5-2 所示，在外观积木中有 2 种类型的积木——说话积木（2 个）、思考积木（2 个），可以让角色通过气泡文字对话的形式进行说话和思考。具体功能如表 5-1 ~ 表 5-4 所示。

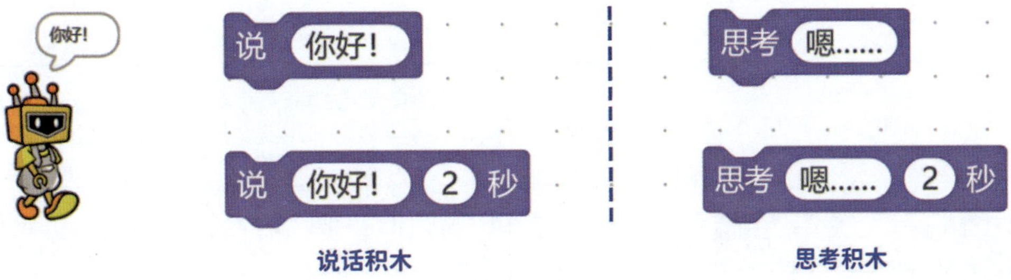

图 5-2　角色说话和思考积木

（1）说话积木

表 5-1　说话积木 1 功能列表

积木	选项	具体功能
说 你好!	功能	在角色旁边展示说话气泡，显示说话的内容，气泡不会自动消失
	参数	椭圆形参数，输入说话的内容，默认为“你好！”

表 5-2　说话积木 2 功能列表

积木	选项	具体功能
说 你好! 2 秒	功能	在角色旁边展示说话气泡，显示说话的内容，显示参数时间后，气泡自动消失
	内容参数	椭圆形参数，输入说话的内容，默认为“你好！”
	时间参数	椭圆形参数，输入气泡的显示时间，以秒为单位，默认 2

（2）思考积木

表 5-3　思考积木 1 功能列表

积木	选项	具体功能
思考 嗯……	功能	在角色旁边展示思考气泡，显示思考的内容，气泡不会自动消失
	参数	椭圆形参数，输入思考的内容，默认为“嗯……”

表 5-4　思考积木 2 功能列表

积木	选项	具体功能
	功能	在角色旁边展示思考气泡，显示思考的内容，显示参数时间后，气泡自动消失
	内容参数	椭圆形参数，输入思考的内容，默认为“嗯……”
	时间参数	椭圆形参数，输入气泡的显示时间，以秒为单位，默认 2

5.3 设置造型和背景

在前面 2.7 节中，学习了有关造型界面和背景界面的内容，除了手动操作外，还可以编程自动改变角色造型和舞台背景。如图 5-3 所示，在外观积木中有 2 种类型的积木——设置角色造型积木（2 个）、设置舞台背景积木（2 个），可以设置造型和背景，具体功能如表 5-5 ~ 表 5-8 所示。

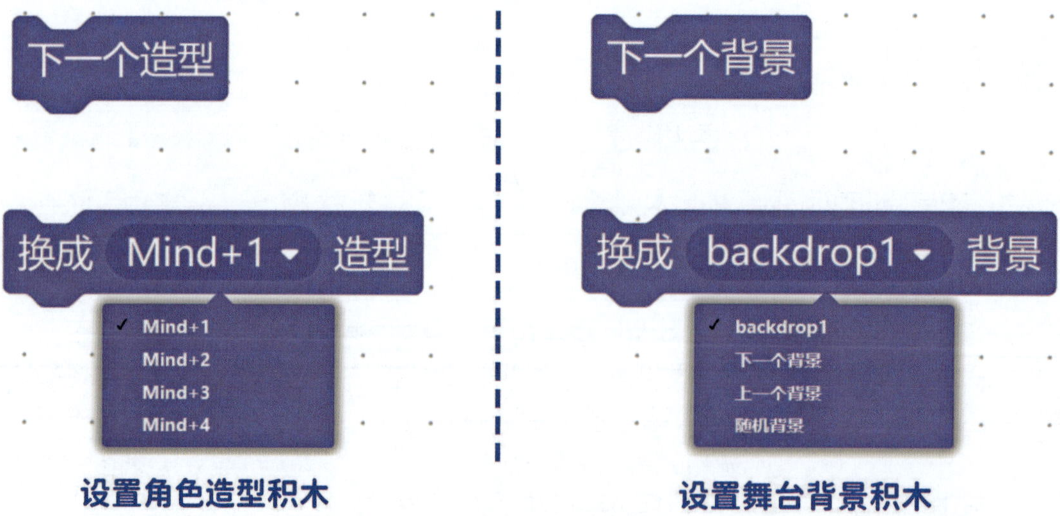

图 5-3　设置造型和背景积木

（1）设置角色造型积木

表 5-5　设置角色造型积木 1 功能列表

积木	选项	具体功能
	功能	按造型界面中的造型列表编号顺序，依次切换造型
	参数	无

表 5-6　设置角色造型积木 2 功能列表

积木	选项	具体功能
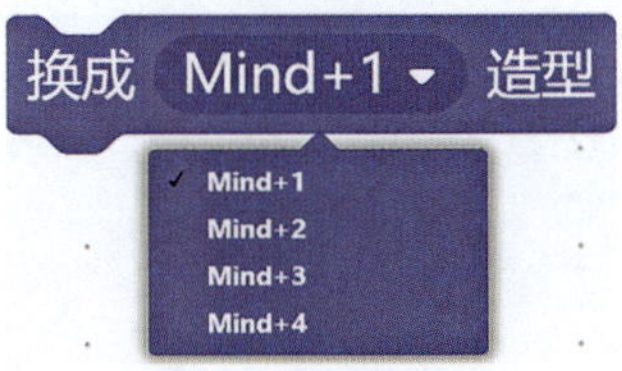	功能	根据参数所选造型名称，切换为相应造型
	参数	特定参数，下拉框切换参数选项，包括 Mind+ 角色的 4 个造型名称，默认为 Mind+1。添加造型后，选项增加造型名称

（2）设置舞台背景积木

表 5-7　设置舞台背景积木 1 功能列表

积木	选项	具体功能
	功能	按背景界面中背景列表编号顺序，依次切换背景
	参数	无

表 5-8　设置舞台背景积木 2 功能列表

积木	选项	具体功能
	功能	根据参数所选背景名称，切换为相应背景
	参数	特定参数，下拉框切换参数选项，包括 backdrop1、下一个背景、上一个背景和随机背景，默认 backdrop1。添加背景后，选项增加背景名称

5.4 设置角色大小和特效

在前面 2.4 节中，我们学习了改变角色的大小，那么除了手动操作外，还可以通过编程自动改变角色大小，甚至可以编程自动改变角色特效。如图 5-4 所示，在外观积木中对应有 2 种类型的积木——设置角色大小积木（2 个）、设置角色特效积木（3 个），可以设置角色大小和特效，具体功能如表 5-9 ~表 5-13 所示。

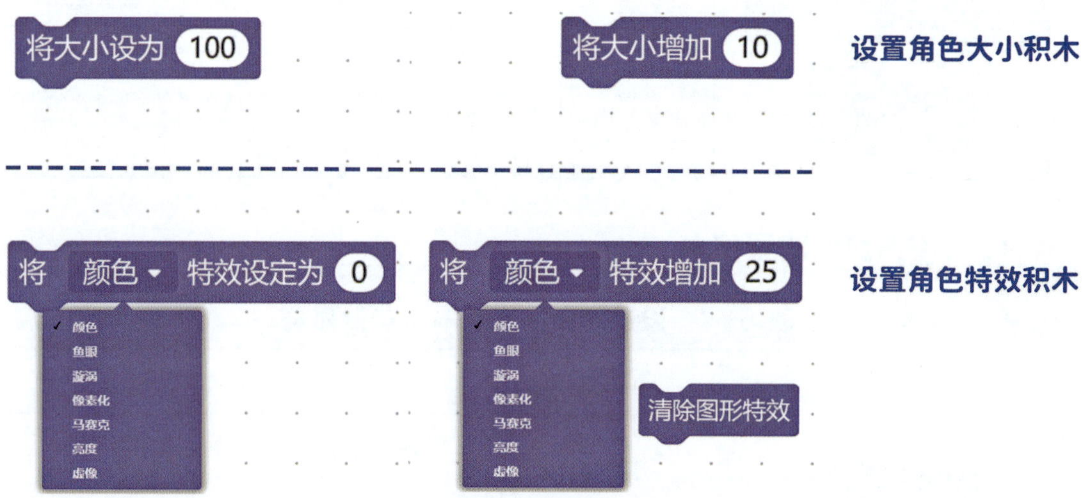

图 5-4　设置角色大小和特效积木

（1）设置角色大小积木

表 5-9　设置角色大小积木 1 功能列表

积木	选项	具体功能
	功能	设置（改变）角色的大小
	参数	椭圆形参数，输入表示角色大小的数字，默认 100

表 5-10　设置角色大小积木 2 功能列表

积木	选项	具体功能
	功能	在原来大小基础上增大或减小表示角色大小的值
	参数	椭圆形参数，参数大于 0，角色会变大；参数小于 0，角色会变小；默认 10

（2）设置角色特效积木

图 5-5 直观展示了 Mind+ 中支持的七种特效。角色特效不仅可以单独使用，还可以多个特效组合起来使用，例如将颜色、马赛克、像素化组合使用。设置角色特效积木的功能如表 5-11 ~ 表 5-13 所示。

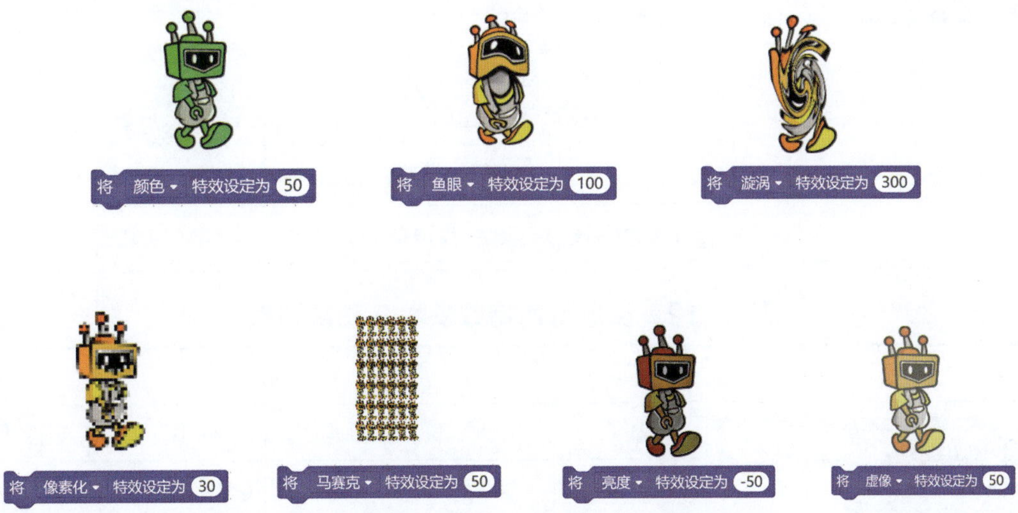

图 5-5　Mind+ 中支持的七种特效

表 5-11　设置角色特效积木 1 功能列表

积木	选项	具体功能
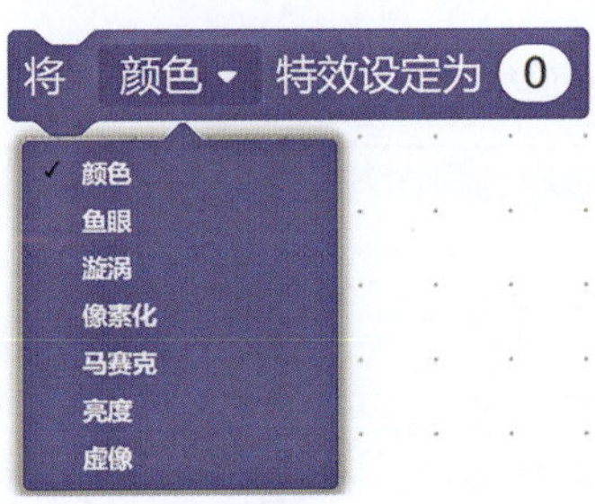	功能	设置角色的特效值
	特效参数	特定参数，下拉框切换参数选项，包括颜色、鱼眼、漩涡、像素化、马赛克、亮度和虚像。默认颜色。 ① 颜色：改变角色的颜色，将角色变为粉红色、绿色、蓝色、紫色或中间的任意颜色。输入数值越大，变化越大，取值范围 0 ~ 200。

续表

积木	选项	具体功能
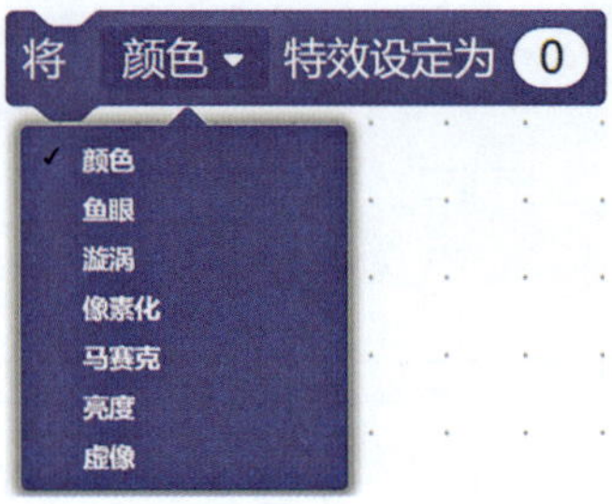	特效参数	② 鱼眼：输入数值大于 0，角色从中部开始扩展；输入数值小于 0，角色从中部开始收缩。输入数值越大，效果越明显。 ③ 旋涡：输入数值大于 0，角色从中部开始左旋转；输入数值小于 0，角色从中部开始右旋转。设置数值越大，效果越明显。 ④ 像素化：角色像素化，输入数值越大，角色越模糊。 ⑤ 马赛克：角色分裂成多个相同的小角色，输入数值越大，角色分裂越多。 ⑥ 亮度：输入数值大于 0，角色变亮，输入数值小于 0，角色变暗。输入数值越大，效果越明显。取值范围 -100 ~ 100。 ⑦ 虚像：角色变透明，输入数值越大，效果越明显。取值范围 0 ~ 100
	数值参数	椭圆形参数，输入特效数值，默认 0

表 5-12　设置角色特效积木 2 功能列表

积木	选项	具体功能
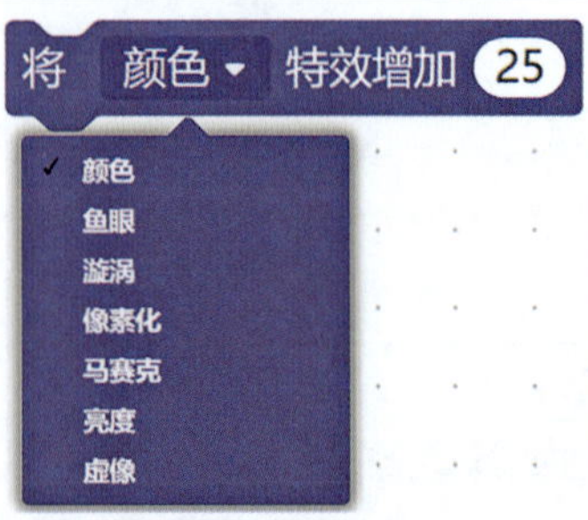	功能	在原来特效基础上增大或减小有关特效的数值
	特效参数	特定参数，下拉框切换参数选项，包括颜色、鱼眼、漩涡、像素化、马赛克、亮度和虚像。默认颜色。具体详解见上述
	数值参数	椭圆形参数，输入增大或减小的特效数值，默认 25

表 5-13　设置角色特效积木 3 功能列表

积木	选项	具体功能
	功能	清除选中的角色或舞台背景的特效，恢复成默认状态
	参数	无

5.5　角色显示和隐藏

在前面 2.4 节中，我们学习了角色的显示和隐藏，除了手动操作外，还可以通过编程自动使角色显示和隐藏。如图 5-6 所示，在外观积木中有 2 种类型的积木——显示和隐藏积木（2 个）、设置角色层级积木（2 个），可以设置角色的显示和隐藏。具体功能如表 5-14 ~ 表 5-17 所示。

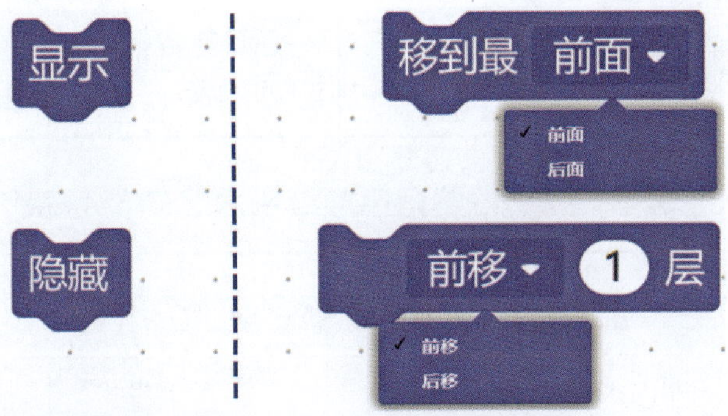

显示和隐藏积木　　设置角色层级积木

图 5-6　角色显示和隐藏积木

（1）显示和隐藏积木

表 5-14　显示和隐藏积木 1 功能列表

积木	选项	具体功能
	功能	让角色在舞台上显示出来
	参数	无

表 5-15　显示和隐藏积木 2 功能列表

积木	选项	具体功能
	功能	舞台上隐藏角色，角色使用的说话和思考气泡会同时隐藏
	参数	无

（2）设置角色层级积木

在前面 2.4 节中，我们学习了角色层级这个概念，多个角色在舞台中重合时会发生遮挡，最后被拖拽的角色会被移到最前面，层级为第 1 层。下面角色的层级依次递增，层级为第 2 层、第 3 层……。在 Mind+ 中，可以通过编程自动进行角色层级的设置和修改。

表 5-16 设置角色层级积木 1 功能列表

积木	选项	具体功能
	功能	调整角色的层级，将它移动到最前面或最后面
	参数	特定参数，下拉框切换参数选项，包括前面、后面。默认前面

表 5-17 设置角色层级积木 2 功能列表

积木	选项	具体功能
	功能	调整角色的层级，将它前移或后移输入的层级数
	移动参数	特定参数，下拉框切换参数选项，包括前移、后移。默认前移
	层级参数	椭圆形参数，输入移动层数，以层为单位，默认 1

5.6 外观变量积木

在编程过程中，可能会实时地查看角色的大小以及当前使用的造型或舞台背景。如图 5-7 所示，在外观积木中，能实现该功能的有 3 个带小方框的积木：大小积木、造型编号积木、背景编号积木。这 3 个积木是 Mind+ 自带的变量积木，具体功能如表 5-18 ～表 5-20 所示。

图 5-7　外观变量积木

表 5-18　外观变量积木 1 功能列表

积木	选项	具体功能
	功能	作为变量积木使用，用于获取表示角色大小的值
	参数	无。选中小方框，在舞台上实时显示表示角色当前大小的值

表 5-19　外观变量积木 2 功能列表

积木	选项	具体功能
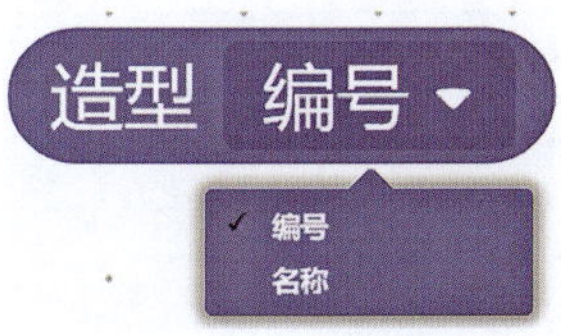	功能	获取角色当前的造型编号或名称，可作为参数使用
	参数	特定参数，下拉框切换参数选项，包括编号、名称，默认编号。选中小方框，在舞台上实时显示角色当前造型编号或者名称

表 5-20　外观变量积木 3 功能列表

积木	选项	具体功能
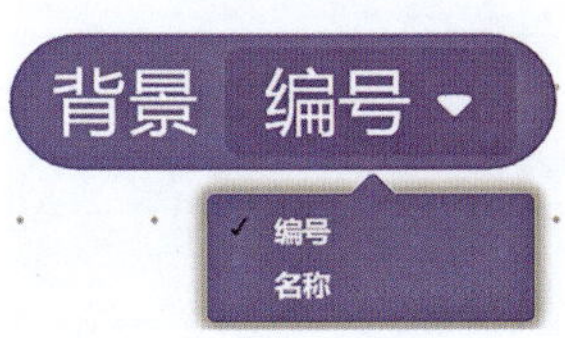	功能	获取舞台当前的背景编号或名称，可作为参数使用
	参数	特定参数，下拉框切换参数选项，包括编号、名称，默认编号。选中小方框，在舞台上实时显示舞台背景编号或者名称

如图 5-8 所示，编程过程中，选中角色“麦的佳”，勾选这 3 个积木的小方框，就会在舞台上显示出该角色当前的大小和所用造型编号，以及舞台背景编号。

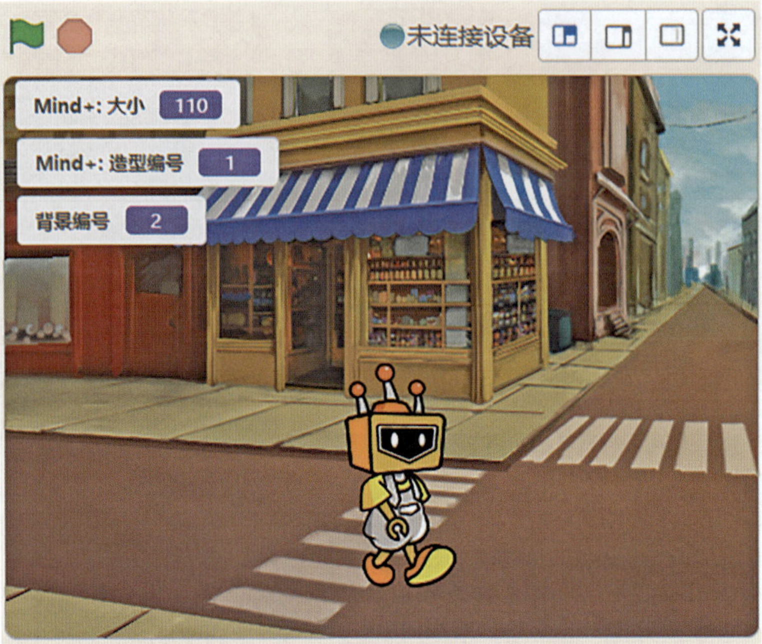

图 5-8　外观变量积木的应用

5.7 项目练习

基于本章内容的学习，我们掌握了如何通过外观积木进行角色的说话和思考、设置角色的造型和舞台背景、设置角色大小和特效以及角色的显示和隐藏。最后，学习了外观积木分类中 Mind+ 自带的变量积木。下面通过“宇航员返回地球”练习项目对本章学习情况进行检验。

（1）编程前思考

在开始编程之前，先来思考以下几个问题：

① 该项目有几个舞台背景？分别是什么？

② 该项目有几个声音？分别是什么？

③ 该项目有几个角色？分别是什么？

④ 该项目中舞台需要完成什么？

⑤ 该项目中每个角色都需要完成什么？

带着上面的思考问题，开始分析“宇航员返回地球”练习项目。

① 该项目有几个舞台背景？分别是什么？在本项目中，使用 1 个舞台背

景——“月球 -1”，如图 5-9 所示。

图 5-9　项目的舞台背景

② 该项目有几个声音？分别是什么？在本项目中没有使用到声音。

③ 该项目有几个角色？分别是什么？如图 5-10 所示，在本项目中，存在 2 个角色，分别是：宇航员（站立）、宇航员（飞船）。

图 5-10　项目的角色

④ 该项目中舞台需要完成什么？本项目中舞台不需要进行编程。

⑤ 该项目中每个角色都需要完成什么？本项目中，宇航员（站立）主要完成：

a. 宇航员（站立）先移动到舞台左侧位置；

b. 宇航员（站立）说“现在是在月球上”；
c. 宇航员（站立）接着说“有请宇航员进入飞船”；
d. 宇航员（站立）最后说“宇航员即将返回地球”。

因为宇航员（飞船）需要在宇航员（站立）介绍完之后才开始动作，所以需要使用 等待 1 秒（属于第 8 章中的控制积木）。宇航员（飞船）主要完成：

a. 宇航员（飞船）先移动到舞台右侧位置并隐藏；
b. 等待 6 秒，宇航员（飞船）设置造型和大小，然后显示；
c. 宇航员（飞船）滑行到舞台中间，说“我要进入飞船返回地球”；
d. 宇航员（飞船）连续变换造型，模拟进入飞船过程；
e. 宇航员（飞船）改变大小和特效，滑行模拟飞离月球；
f. 宇航员（飞船）在 3 秒飞行后，说“月球再见！”。

（2）编程前准备

通过上面的项目思考与分析，在开始拖拽积木编程之前，先做好项目的准备：添加舞台背景和角色。点击“菜单栏”→“项目”→“新建项目”，默认会创建角色——机器人“麦的佳”，由于本练习项目使用的是其他角色，因此要删除默认的机器人“麦的佳”。

① 添加舞台背景。如图 5-11 所示，点击“舞台背景编辑区”→“舞台背景添加”→“背景库”→“太空”，在 Mind+ 自带的背景库中选择背景图片——“月球 -1”。

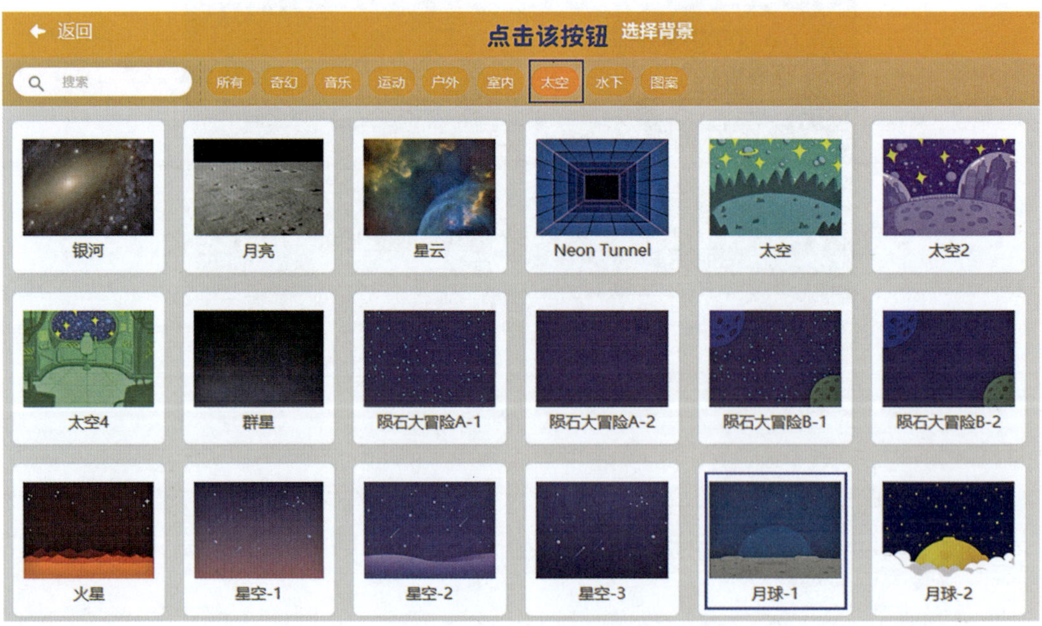

图 5-11　添加项目的舞台背景

② 添加角色。如图 5-12 所示，多次点击“角色编辑区”→“角色添加”→“角色库”→“Mind+”，在 Mind+ 自带的角色库中选择“Mind+ 宇航员 - 站立”“Mind+ 宇航员 - 飞船”。

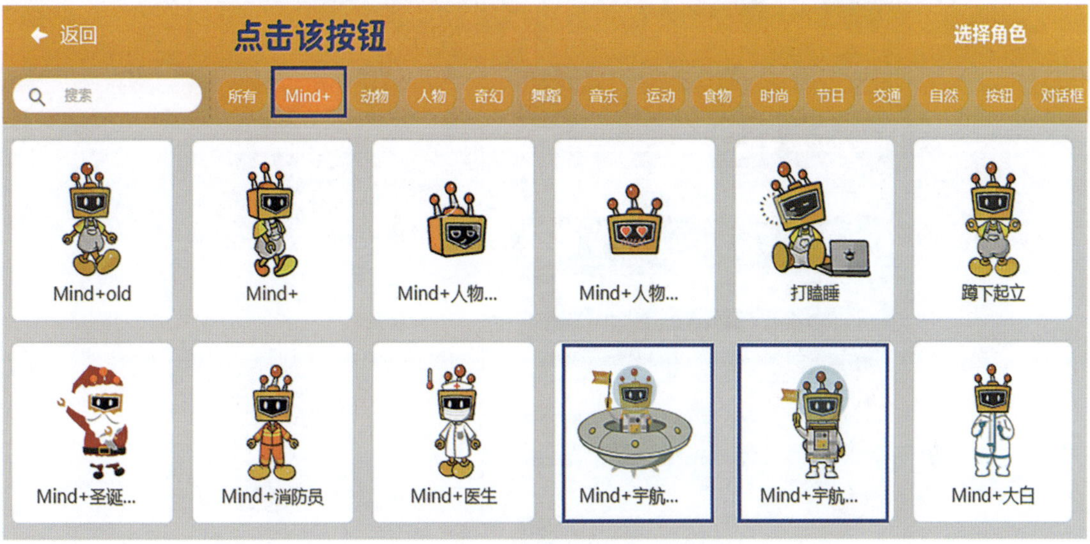

图 5-12　添加项目的角色

（3）图形化编程

添加完舞台背景和角色后，开始分别对角色“宇航员（站立）”和角色“宇航员（飞船）”进行图形化编程。

① 宇航员（站立）的完整程序如图 5-13 所示。

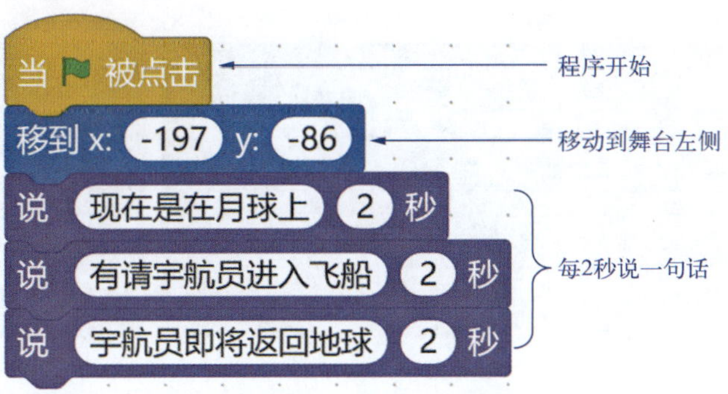

图 5-13　项目中宇航员（站立）的程序

② 宇航员（飞船）的完整程序如图 5-14 所示。

（4）运行效果

程序编写完成后，点击“🏁”运行，部分效果图如图 5-15 所示。

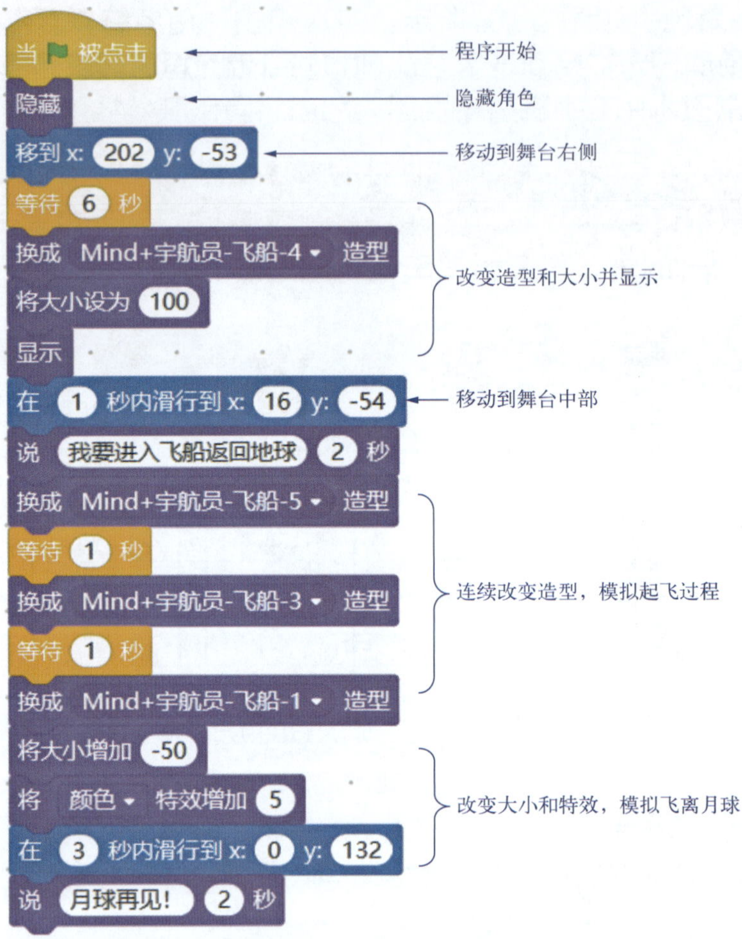

图 5-14　项目中宇航员（飞船）的程序

图 5-15　项目运行的部分效果图

外观积木编程案例演示

第6章

声音积木编程

本章学习声音积木编程。通过 2.7 节的学习，我们掌握了手动录制、播放、编辑等声音相关知识，除了手动设置，还可以通过编程自动实现，这就需要用到声音积木。

6.1 声音积木简介

声音积木主要完成如下功能：

① 声音播放和停止；

② 设置音效和音量。

在 Mind+ 中，选中角色或舞台背景时，在积木区对应的积木会不相同。图 6-1 为选中角色和选中舞台背景时对应的声音积木（注意有细微的区别）。

图 6-1　选中角色和舞台背景时对应的声音积木

6.2 声音播放和停止

当声音准备好后，就可以通过编程来播放和停止声音。如图 6-2 所示，在声音积木中能实现该功能的积木有 3 个。每个积木具体功能如表 6-1 ~ 表 6-3 所示。

图 6-2　声音播放和停止积木

表 6-1　声音播放和停止积木 1 功能列表

积木	选项	具体功能
 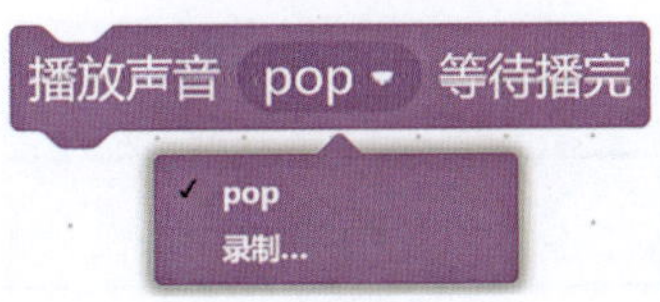	功能	播放选择的声音，播放完成后才能继续执行后面的积木
	参数	特定参数，下拉框切换参数选项，默认因选中不同而不同： ① 选中角色时，默认 Meow（小猫声音）； ② 选中舞台背景时，默认 pop（泡泡声）。 自己添加声音后，下拉框选项中会增加声音名称

表 6-2　声音播放和停止积木 2 功能列表

积木	选项	具体功能
 	功能	播放选择的声音，开始播放后就执行后面的积木（注意与上述的不同）
	参数	特定参数，下拉框切换参数选项，默认因选中不同而不同： ① 选中角色时，默认 Meow（小猫声音）； ② 选中舞台背景时，默认 pop（泡泡声）。 自己添加声音后，下拉框选项中会增加声音名称

表 6-3　声音播放和停止积木 3 功能列表

积木	选项	具体功能
	功能	结束所有播放声音积木的执行
	参数	无

6.3　设置音效和音量

类似外观积木中可以设置角色特效，声音积木也可以设置声音音效。如图 6-3 所示，在声音积木中有 3 种类型的积木可以设置音效和音量：设置音效积木（2 个）、设置音量积木（2 个）、清除音效积木（1 个）。具体功能如表 6-4 ~表 6-8 所示。

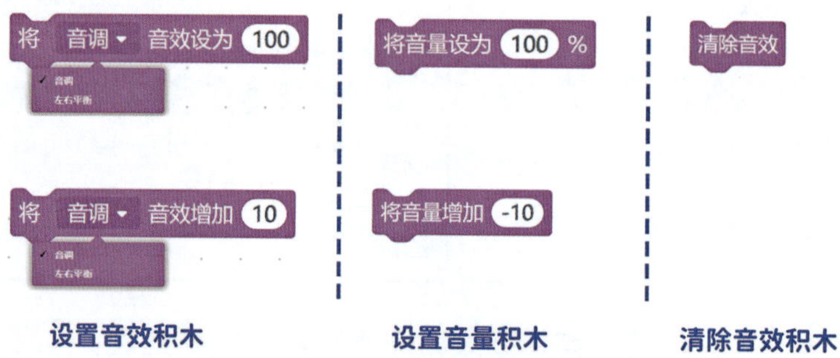

图 6-3　设置音效和音量积木

（1）设置音效积木

表 6-4　设置音效积木 1 功能列表

积木	选项	具体功能
	功能	设定选中角色播放声音的音效值
	音效参数	特定参数，下拉框切换参数选项，包括音调、左右平衡，默认音调。 ① 音调：声音的高低，数字越大表示音调越高，听着越尖锐刺耳。数字越小表示音调越低，听着越低沉。

续表

积木	选项	具体功能
	音效参数	② 左右平衡：声音的左声道和右声道，数字越小，左声道声音越明显（右声道声音变小）；数字越大，右声道声音越明显（左声道声音变小）。取值范围 -100 ~ 100
	数值参数	椭圆形参数，输入的数字，默认 100

表 6-5　设置音效积木 2 功能列表

积木	选项	具体功能
	功能	在原来基础上，增大或减小声音的音效值
	音效参数	特定参数，下拉框切换参数选项，包括音调、左右平衡，默认音调。选项参数详细介绍见上述
	数值参数	椭圆形参数，输入的数字，默认 10

（2）设置音量积木

表 6-6　设置音量积木 1 功能列表

积木	选项	具体功能
	功能	设定选中角色声音的音量
	参数	椭圆形参数，输入音量百分比，音量范围 0 ~ 100%，默认 100%

表 6-7　设置音量积木 2 功能列表

积木	选项	具体功能
	功能	在原来音量基础上增大或减小声音的音量
	参数	椭圆形参数，输入数字大于 0，声音增大；输入数字小于 0，声音减小。范围 0 ~ 100，默认 -10

（3）清除音效积木

表 6-8　清除音效积木功能列表

积木	选项	具体功能
清除音效	功能	清除当前声音的音效，恢复默认状态
	参数	无

6.4　声音变量积木

在编程过程中，可能会实时查看声音播放的音量。如图 6-4 所示，在声音积木中，有 1 个 Mind+ 自带的变量积木——音量积木，主要用于获取声音的音量值，选中小方框，在舞台上会实时显示声音的音量值。

图 6-4　声音变量积木的应用

6.5　项目练习

基于本章内容的学习，我们掌握了如何通过声音积木进行声音的播放与停止、设置音效和音量。最后，学习了声音积木分类中 Mind+ 自带的变量积木。下面通过“漫步月球”练习项目对本章学习情况进行检验。

（1）编程前思考

在开始编程之前，先来思考以下几个问题：

① 该项目有几个舞台背景？分别是什么？

② 该项目有几个声音？分别是什么？

③ 该项目有几个角色？分别是什么？

④ 该项目中舞台需要完成什么？

⑤ 该项目中每个角色都需要完成什么？

带着上面的思考问题，开始分析“漫步月球”练习项目。

① 该项目有几个舞台背景？分别是什么？在本项目中，使用 1 个舞台背景——“月球 -1”，如图 6-5 所示。

② 该项目有几个声音？分别是什么？如图 6-6 所示，在本项目中使用到了 Mind+ 自带声音库的“自由”声音。

图 6-5　项目的舞台背景

图 6-6　项目的声音

③ 该项目有几个角色？分别是什么？如图 6-7 所示，在本项目中，存在 1 个角色——麦的佳。

图 6-7　项目的角色

④ 该项目中舞台需要完成什么？本项目中舞台不需要进行编程。

⑤ 该项目中每个角色都需要完成什么？在本项目中，麦的佳主要完成：

a. 麦的佳先移动到舞台左侧位置；

b. 麦的佳说“今天心情不错！”；

c. 设置“自由”声音的音量和音调；

d. 播放“自由”声音，同时麦的佳在 15 秒内滑行到舞台右侧。

（2）编程前准备

通过上面的项目思考与分析，在开始拖拽积木编程之前，先做好项目的准备：添加舞台背景和声音。点击“菜单栏”→“项目”→“新建项目”，默认会创建角色——机器人“麦的佳”，该角色为本练习项目角色，不需要再添加其他角色。

① 添加舞台背景。如图 6-8 所示，点击“舞台背景编辑区”→“舞台背景添加”→“背景库”→“太空”，在 Mind+ 自带的背景库中选择背景图片——“月球 -1”。

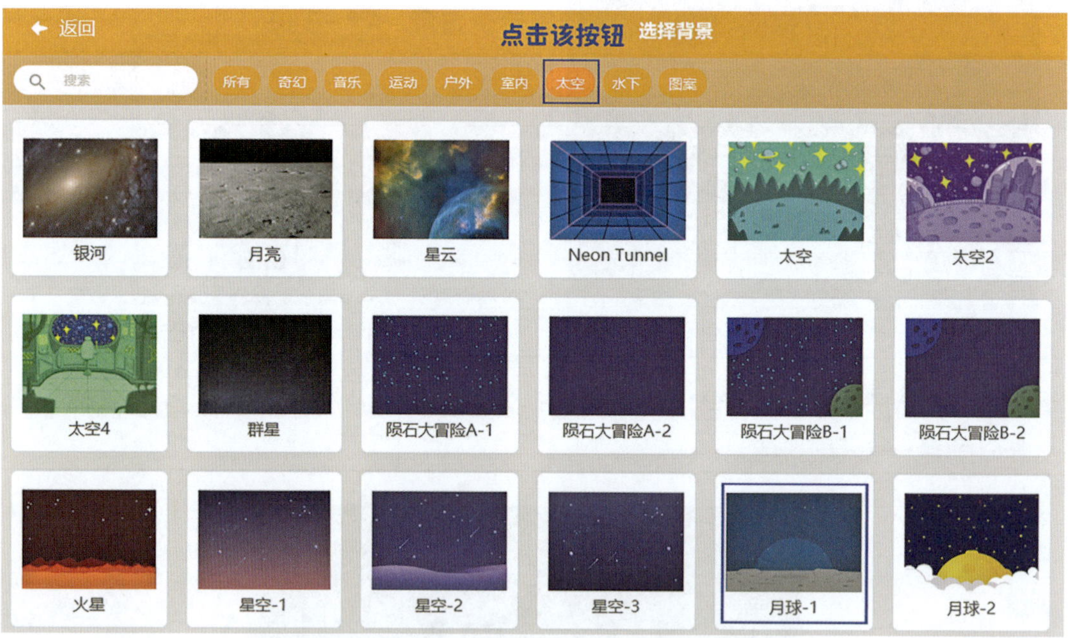

图 6-8　添加项目的舞台背景

② 添加声音。如图 6-9 所示，点击“功能区”→“声音”→“添加声音”→“选择一个声音”→“可循环”，在 Mind+ 自带的声音库中选择“自由”声音。

（3）图形化编程

添加完舞台背景和声音后，开始对角色“麦的佳”进行图形化编程。其完整程序如图 6-10 所示。

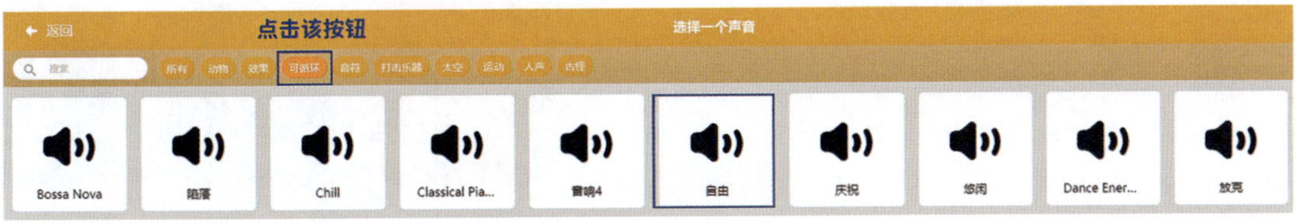

图 6-9　添加项目的声音

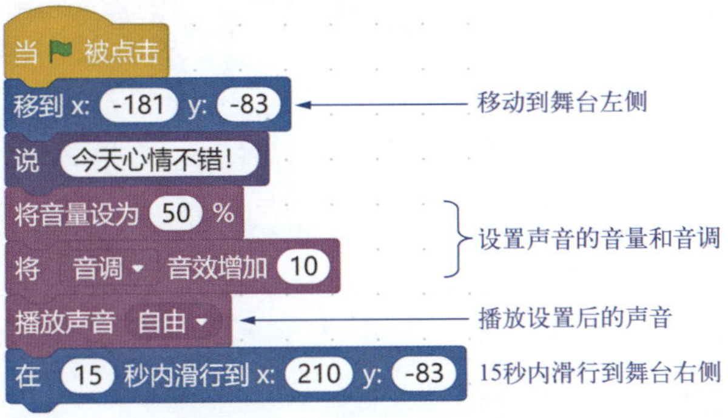

图 6-10　项目的完整程序

（4）运行效果

程序编写完成后，点击“🏁”运行，部分效果图如图 6-11 所示。

图 6-11　项目运行的部分效果图

声音积木编程案例演示

第 7 章

事件积木编程

青少年创意编程与电子制作系列

{CODING}

7.1 事件积木简介

本章学习一种比较抽象的积木——事件积木及其编程。什么是事件？日常生活中会做许多事情，而做每件事前往往都有一个条件，达到这个条件后，才会开始做这件事。例如：早上 8 点闹钟一响，才会起床。闹钟响是条件，起床是事情，只有条件被触发了，才会引起事情发生，这就是一个事件，条件也叫触发条件。

类似日常生活中的事件，Mind+ 中也有事件和事件积木。Mind+ 中的事件主要有两种。一种是舞台之外触发的事件，将其称为外部事件，例如“当绿旗被点击”事件。另一种是舞台内角色之间相互触发的事件，将其称为内部事件，例如角色广播消息事件。

事件积木是程序的启动积木，作为程序的第一个积木使用，前面不能拼接其他积木。当某个事件的条件被触发（满足）时，事件积木开始执行。

在 Mind+ 中，对应事件积木主要完成如下功能：

① 外部事件触发；

② 内部事件触发；

③ 事件同时触发。

在 Mind+ 中，选中角色或舞台背景时，在积木区对应的积木会不相同。图 7-1 为选中角色和选中舞台背景时对应的事件积木（注意有细微的区别）。

图 7-1　选中角色和舞台背景时对应的事件积木

7.2 外部事件触发

图 7-2 所示为外部事件触发积木，具体功能如表 7-1 ~ 表 7-4 所示。

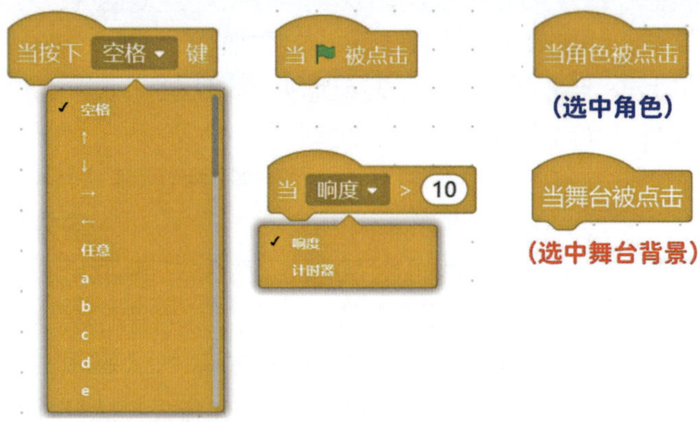

图 7-2　外部事件触发积木

表 7-1　外部事件触发积木 1 功能列表

积木	选项	具体功能
	功能	Mind+ 程序的开始积木，点击该积木之后，后面的其他积木就会开始执行，是 Mind+ 中最常用的事件积木
	参数	无

表 7-2　外部事件触发积木 2 功能列表

积木	选项	具体功能
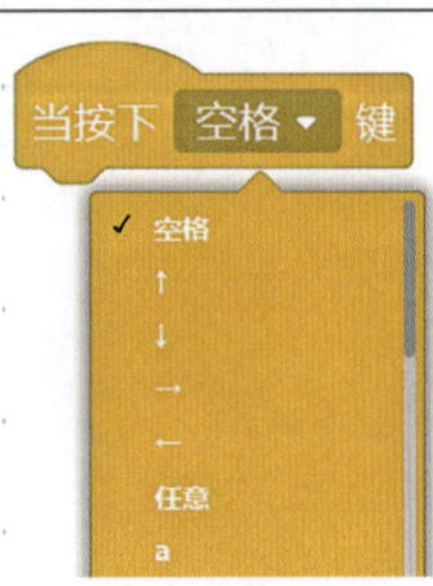	功能	当按下键盘上某个按键时，对应的程序开始执行
	参数	特定参数，下拉框切换参数选项，选项为空格键、上下左右方向键、任意键、a ~ z 字母键、0 ~ 9 数字键，默认空格键

表 7-3　外部事件触发积木 3 功能列表

积木	选项	具体功能
	功能	当角色或者舞台被点击时，对应的程序开始执行。当选中角色或舞台背景时对应不同的事件积木
	参数	无

表 7-4　外部事件触发积木 4 功能列表

积木	选项	具体功能
	功能	当麦克风的响度大于设置的数值，或计时器大于设置的数值时，对应的程序开始执行
	选项参数	特定参数，下拉框切换参数选项，选项为响度、计时器（Mind+ 自带的计时功能，当打开 Mind+ 时，计时器就会开始记录软件的运行时长，单位秒），默认响度
	数值参数	椭圆形参数，进行比较的数值，默认 10

7.3 内部事件触发

图 7-3 所示为内部事件触发积木，具体功能如表 7-5 ~表 7-8 所示。

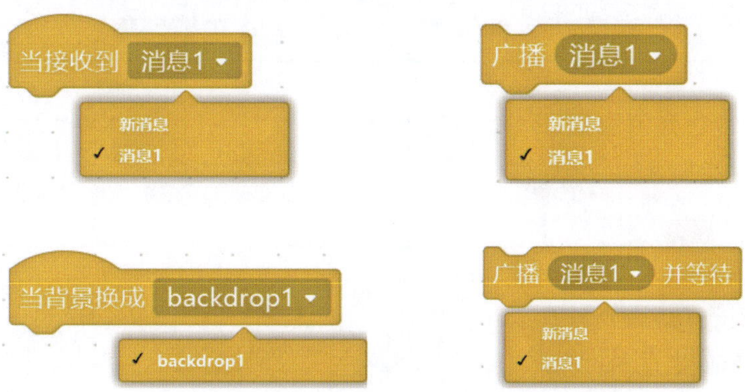

图 7-3　内部事件触发积木

表 7-5 内部事件触发积木 1 功能列表

积木	选项	具体功能
	功能	当通过外观积木切换到所选背景时，对应程序开始执行
	参数	特定参数，下拉框切换参数选项，选项为项目中的所有背景名称，默认 backdrop1

表 7-6 内部事件触发积木 2 功能列表

积木	选项	具体功能
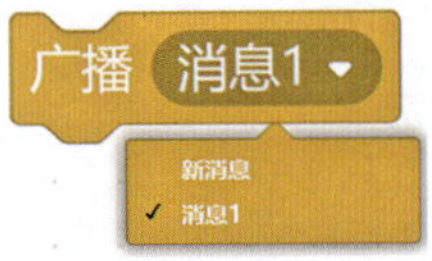	功能	一个角色向另一个或者几个角色广播一条消息。广播消息后继续执行该积木后的积木
	参数	特定参数，下拉框切换参数选项，选项为新消息、消息 1，默认消息 1。点击“新消息”，可以增加自定义的消息，先自定义消息名称，然后该名称出现在下拉框中

表 7-7 内部事件触发积木 3 功能列表

积木	选项	具体功能
	功能	一个角色向另一个或者几个角色广播一条消息。广播消息后停止执行该积木后的积木，等待接收消息事件所在程序执行完成后，继续执行该积木后的积木
	参数	特定参数，下拉框切换参数选项，选项为新消息、消息 1，默认消息 1。点击“新消息”，可以增加自定义的消息，先自定义消息名称，然后该名称出现在下拉框中

表 7-8 内部事件触发积木 4 功能列表

积木	选项	具体功能
	功能	当接收到对应的广播消息时，该积木开始执行。可以接收来自同一角色的消息，也可接收来自不同角色的消息
	参数	特定参数，下拉框切换参数选项，选项为新消息、消息 1，默认消息 1。点击“新消息”，可以增加自定义的消息

（1）广播通信

在 Mind+ 中，角色之间进行消息传递的过程采用的是广播机制。想象一下，编写的程序有很多角色，一个角色发出了某个命令，需要另一个角色根据命令执行，这怎么办？角色之间如何完成这个互动？对，采用广播机制实现。广播即广而播之，让其他角色知道当前角色发出了某个命令。当一个消息被广播时，所有角色（包含自身）都会接收到该消息。只要一个角色有该消息的接收程序，即可接收消息并处理。

对于广播的用法，需牢记三要素：发出消息（发消息），接收到消息（接消息），消息名称。采用广播传递消息（命令）的具体步骤和过程如下。

① 在角色 1 的编程区中，如图 7-4 所示，点击广播积木下拉框中的“新消息”，弹出“新消息”界面，输入自定义的消息名称（以“开始上课”为例），点击“确定”，开始广播“开始上课”的消息。

(a) 点击“新消息”　(b) 创建“开始上课”的消息　(c) 广播“开始上课”的消息

图 7-4　广播消息过程 1

② 在角色 2 的编程区中，如图 7-5 所示，有 当接收到 开始上课 这个积木，因此，角色 2 接收到“开始上课”的消息后，立即执行 说 老师好！。

图 7-5　广播消息过程 2

③ 在角色 3 的编程区中，如图 7-5 所示，虽然角色 3 接收到“开始上课”消息了，但是没有 当接收到 开始上课 这个积木，因此不执行 说 老师好！。

（2）广播积木的区别

Mind+ 中有 2 个广播积木：广播 消息1 和 广播 消息1 并等待。两个广播积木的区别是，广播 消息1 是将消息发出去后就立即执行它后面的其他积木，广播 消息1 并等待是将消息发出去以后，会等待其他角色接收并执行完所有操作，然后再接着执行它后面的其他积木。因此，如图 7-6 所示，如果接收消息积木后面的积木会一直执行永不结束，那么后面的积木也就永远没办法执行。

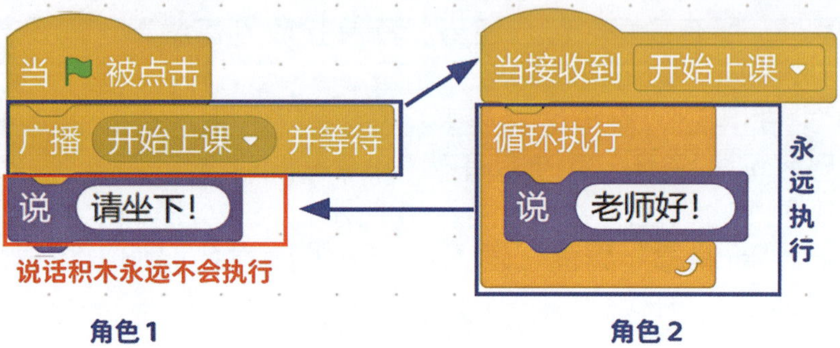

图 7-6　广播积木的区别

7.4 事件同时触发

如图 7-7 所示，按照前面 3.4 节编程积木顺序执行，若在舞台上用鼠标点击下角色，此时角色先执行外观积木，然后再执行运动积木。可不可以外观积木和运动积木同时执行？当然可以，多次使用同样的事件积木分别拼接不同的积木，当事件被触发时，它们就会同时执行。

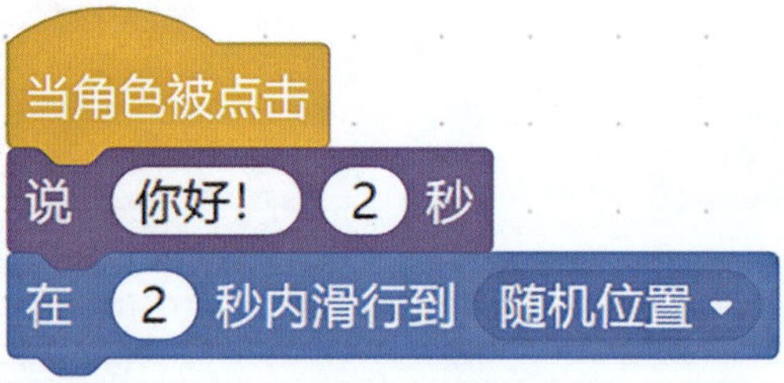

图 7-7　一个事件触发顺序执行程序

如图 7-8 所示，修改上面的程序，使用两个，一个后面拼接外观积木，另一个后面拼接运动积木，此时在舞台上用鼠标点击下角色，角色就会边说边滑行。

图 7-8　一个事件触发同时执行程序

7.5 项目练习

基于本章内容的学习，我们掌握了什么是事件，以及如何实现外部事件、内部事件触发编程。下面针对第 6 章的练习项目“漫步月球”进行改进，通过广播机制控制角色的出场，进而形成本章的练习项目——“登陆火星”。

（1）编程前思考

在开始编程之前，先来思考以下几个问题：

① 该项目有几个舞台背景？分别是什么？

② 该项目有几个声音？分别是什么？

③ 该项目有几个角色？分别是什么？

④ 该项目中舞台需要完成什么？

⑤ 该项目中每个角色都需要完成什么？

带着上面的思考问题，开始分析“登陆火星”练习项目。

① 该项目有几个舞台背景？分别是什么？在本项口中，使用 2 个舞台背景——“月球 -1”“火星”，如图 7-9 和图 7-10 所示。

图 7-9　项目的舞台背景——月球

图 7-10　项目的舞台背景——火星

② 该项目有几个声音？分别是什么？在本项目中没有使用到声音。

③ 该项目有几个角色？分别是什么？如图 7-11 所示，在本项目中，存在 2 个角色，分别是：宇航员（站立）、宇航员（飞船）。

图 7-11　项目的角色

④ 该项目中舞台需要完成什么？本项目中舞台需要进行编程，主要完成舞台背景——月球、火星的切换。

⑤ 该项目中每个角色都需要完成什么？在本项目中，宇航员（站立）主要完成：

a. 宇航员（站立）先移动到舞台左侧位置；

b. 宇航员（站立）说“现在是在月球上”；

c. 宇航员（站立）接着说“有请宇航员进入飞船”；

d. 宇航员（站立）最后说“宇航员即将飞向火星”；

e. 宇航员（站立）新建消息——“飞向火星”，并广播；

f. 宇航员（站立）接收广播消息——“登陆火星”后，隐藏自己。

宇航员（飞船）主要完成：

a. 宇航员（飞船）先移动到舞台右侧位置并隐藏；

b. 宇航员（飞船）接收广播消息——“飞向火星”，设置造型和大小，并显示；

c. 宇航员（飞船）滑行到舞台中间，说“我要进入飞船飞向火星”；

d. 宇航员（飞船）连续变换造型，模拟起飞过程；

e. 宇航员（飞船）滑行飞离月球并隐藏，新建消息——“登陆火星”，并广播；

f. 宇航员（飞船）接收到自己发的“登陆火星”消息，显示、滑行并说话。

（2）编程前准备

通过上面的项目思考与分析，在开始拖拽积木编程之前，先做好项目的准备：添加舞台背景和角色。点击“菜单栏”→“项目”→“新建项目”，默认会创建角色——机器人“麦的佳”，由于本练习项目使用的是其他角色，因此要删除默认的机器人“麦的佳”。

① 添加舞台背景。如图 7-12 所示，点击“舞台背景编辑区”→“舞台背景添加”→“背景库”→“太空”，在 Mind+ 自带的背景库中选择背景图片——“月球 -1”“火星”。

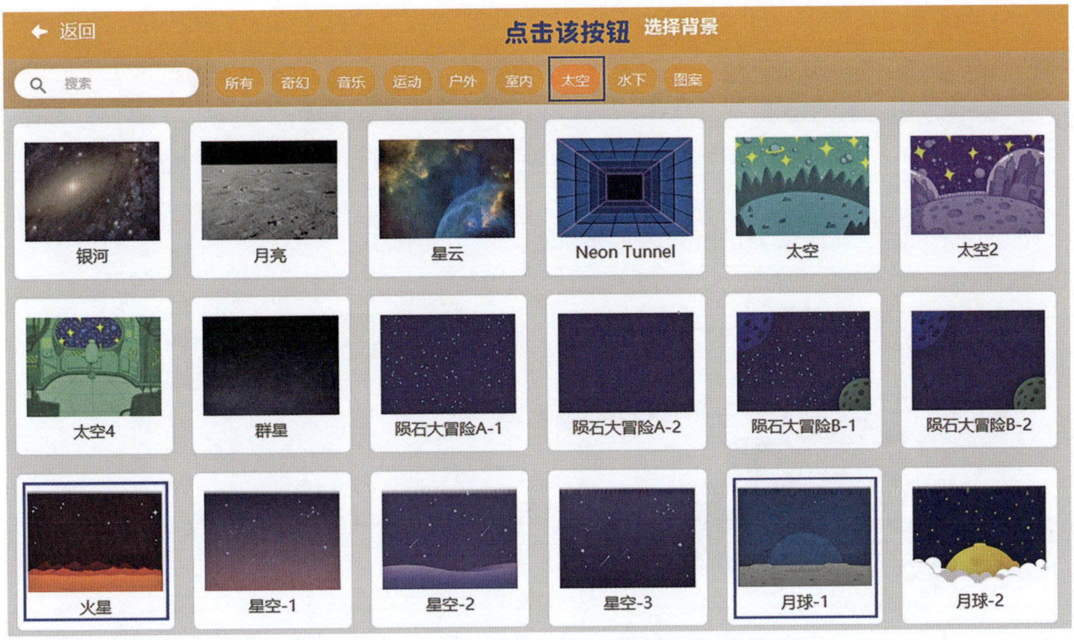

图 7-12　添加项目的舞台背景

② 添加角色。如图 7-13 所示，多次点击“角色编辑区”→“角色添加”→“角色库”→“Mind+”，在 Mind+ 自带的角色库中选择“Mind+ 宇航员 - 站立”“Mind+ 宇航员 - 飞船”。

图 7-13　添加项目的角色

（3）图形化编程

添加完舞台背景和角色后，开始分别对舞台、角色“宇航员（站立）”和角色“宇航员（飞船）”进行图形化编程。

① 舞台的完整程序如图 7-14 所示。

图 7-14　项目中舞台的程序

② 宇航员（站立）的完整程序如图 7-15 所示。

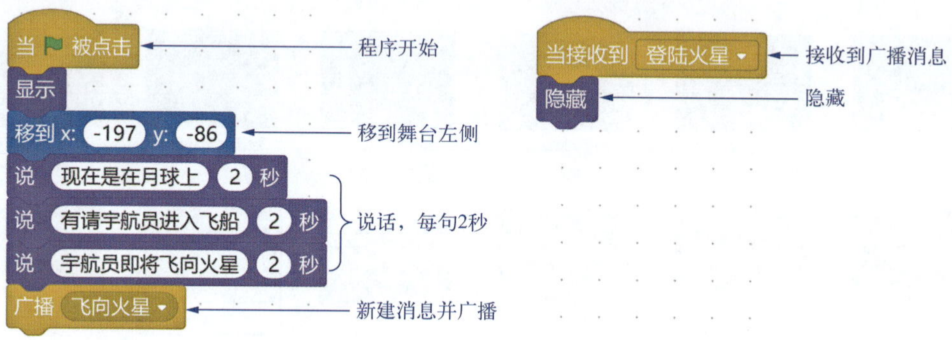

图 7-15　项目中宇航员（站立）的程序

③ 宇航员（飞船）的完整程序如图 7-16 所示。

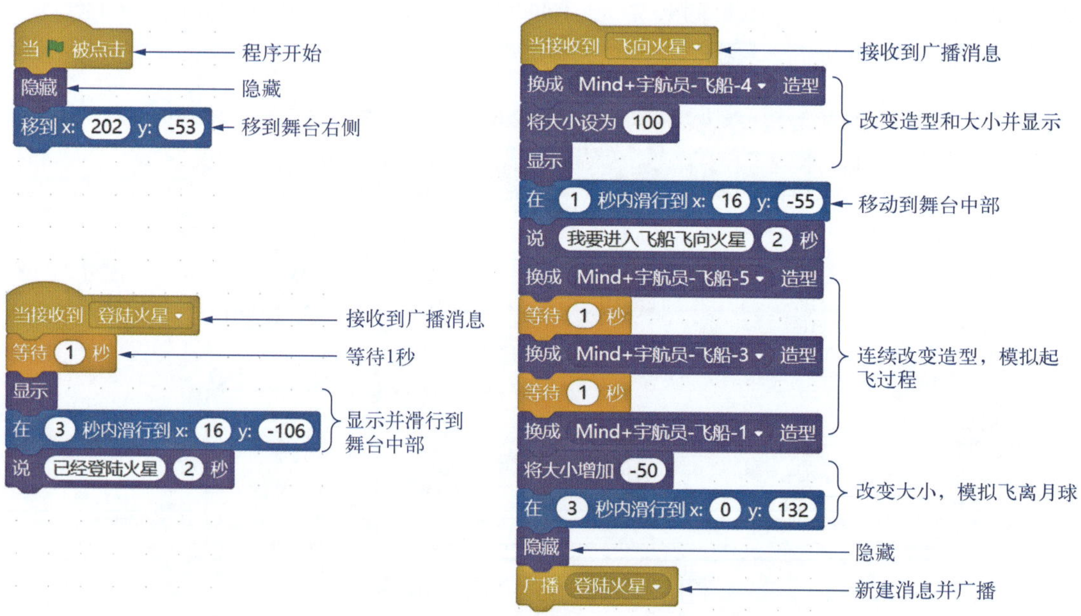

图 7-16　项目中宇航员（飞船）的程序

（4）运行效果

程序编写完成后，点击“🏴”运行，部分效果图如图 7-17 所示。

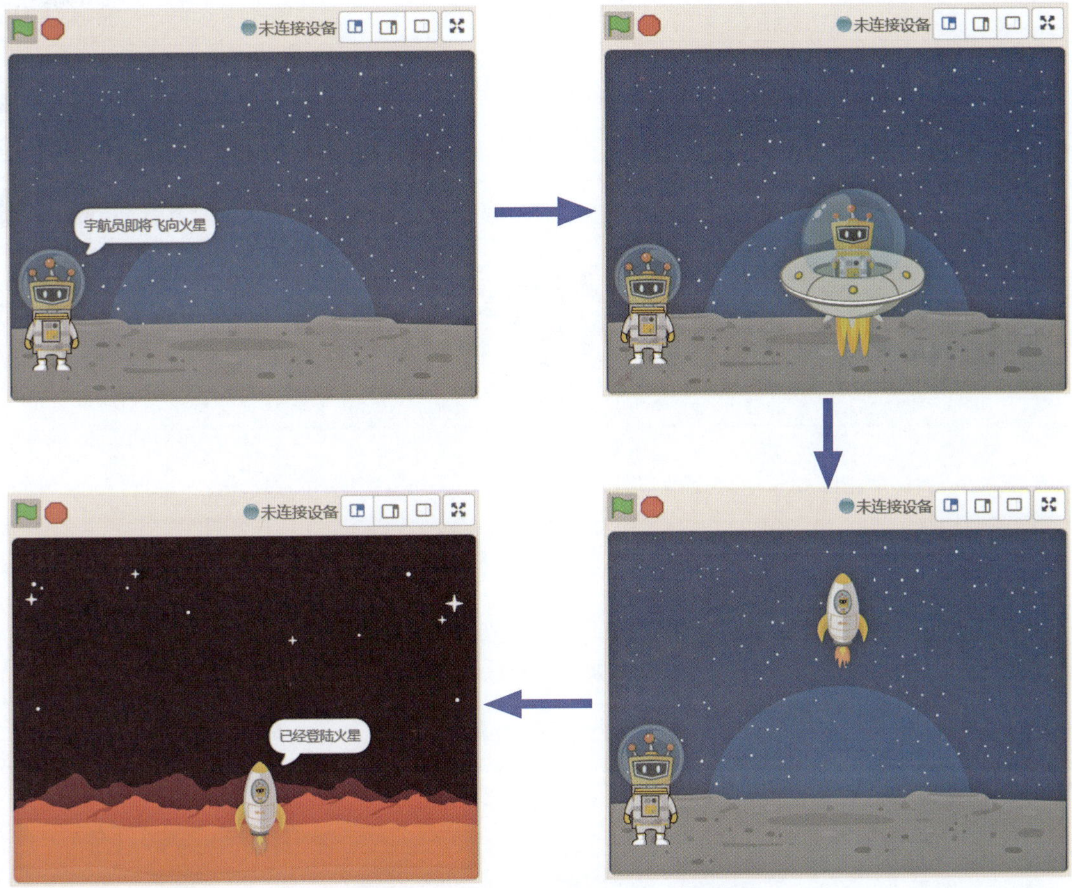

图 7-17　项目运行的部分效果图

事件积木编程案例演示

第 8 章

控制积木编程

青少年创意编程与电子制作系列

CODING

8.1 控制积木简介

本章学习控制积木及其编程。根据 3.4 节所述，程序执行的过程有 4 种控制方式：顺序执行、循环执行、条件执行和同时执行。对于后三种执行方式，需加以控制才能实现，因此用到控制积木。在 Mind+ 中，控制积木主要完成如下功能：

① 条件控制；
② 循环控制；
③ 条件循环控制；
④ 嵌套循环控制；
⑤ 等待和停止控制；
⑥ 克隆控制。

在 Mind+ 中，选中角色或舞台背景时，在积木区对应的积木会不相同。图 8-1 为选中角色和选中舞台背景时对应的控制积木（注意有区别）。

图 8-1　选中角色和舞台背景时对应的控制积木

8.2 条件控制

在实际生活中，我们有时遇到这样的场景：走到一个岔路口，有 2 条道路，左边道路通向学校，右边道路通向家里，到底走哪条路呢？此时需要进行条件判断，如果选择去学校，则走左边道路；如果选择回家，则走右边道路。前面 3.4 节所述，在 Mind+ 中也需要执行条件控制的编程。如图 8-2 所示，在控制积木中有 3 个条件控制积木（条件判断积木），具体功能如表 8-1 ~表 8-3 所示。

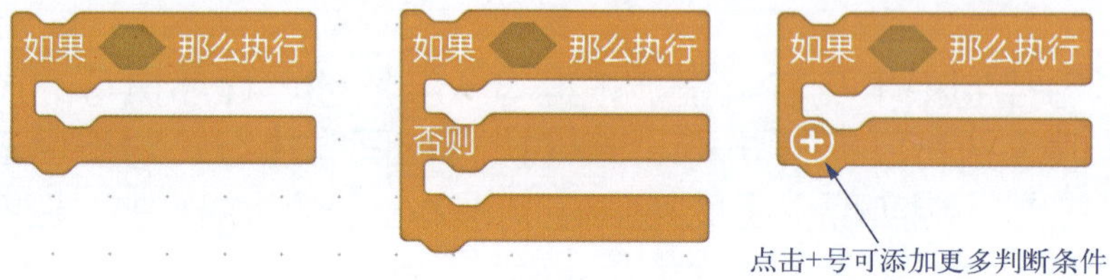

图 8-2　条件控制积木

表 8-1　条件控制积木 1 功能列表

积木	选项	具体功能
	功能	若菱形空格里条件得到满足（为真或者 true），则执行该积木中的程序块
	参数	菱形参数，主要为侦测积木和运算符积木中的菱形积木

表 8-2　条件控制积木 2 功能列表

积木	选项	具体功能
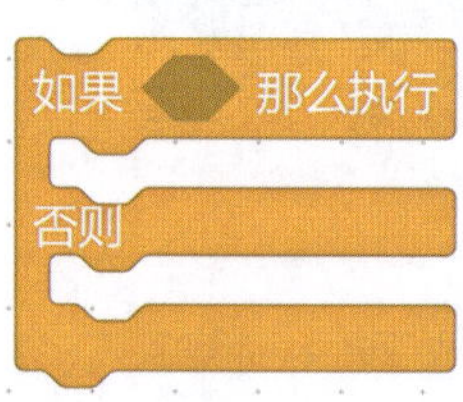	功能	若菱形空格里条件得到满足（为真或者 true），则执行“如果”里的程序块；如果条件不满足（为假或者 false），则执行“否则”里的程序块
	参数	菱形参数，主要为侦测积木和运算符积木中的菱形积木

表 8-3　条件控制积木 3 功能列表

积木	选项	具体功能
	功能	若菱形空格里条件得到满足（为真或者 true），则执行“如果”里的程序块；如果条件不满足（为假或者 false），若达到另外的判断条件则执行另外的内容。对应多重判断。点击“+”可添加更多判断条件
	参数	菱形参数，主要为侦测积木和运算符积木中的菱形积木

是一个多重条件控制积木，使用方法如图 8-3 所示。

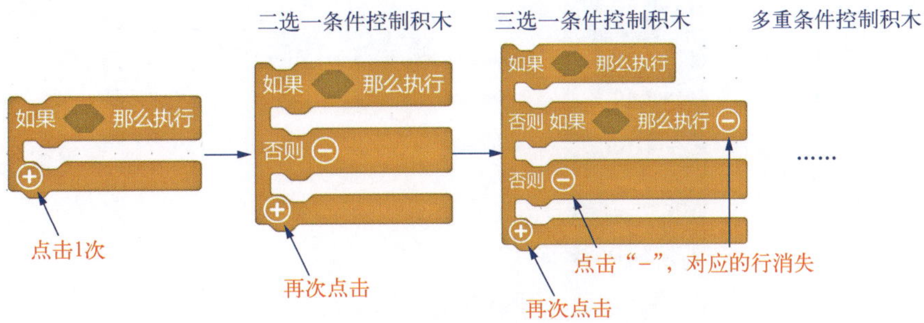

图 8-3　多重条件控制积木

3 个条件控制积木的应用如图 8-4 所示。

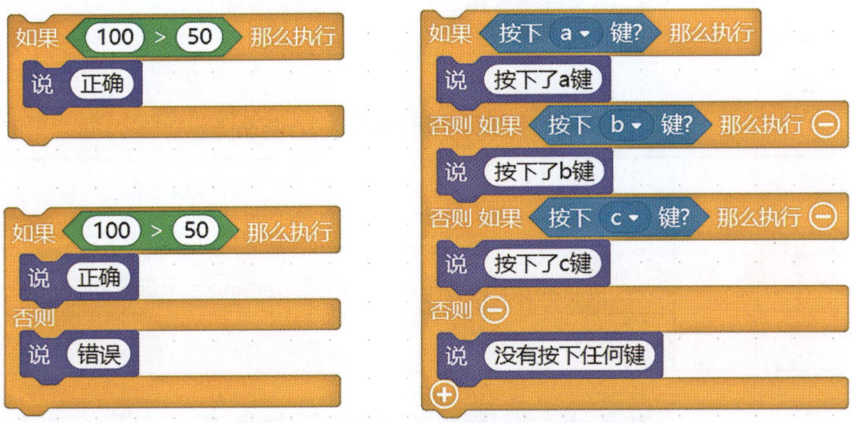

图 8-4　条件控制积木的应用

8.3 循环控制

在进行 Mind+ 编程时，会经常让角色重复做同样的事情。比如图 8-5 左面的程序，在编程时让角色重复执行"移动 10 步"这件同样的事情。如果需要永远不停地重复，那就无法编程了。

如图 8-5 右面程序所示，为了实现重复的效果，同时编程又简洁，可以采用循环控制积木来实现。

图 8-6 所示为 2 个循环控制积木，具体功能如表 8-4 和表 8-5 所示。

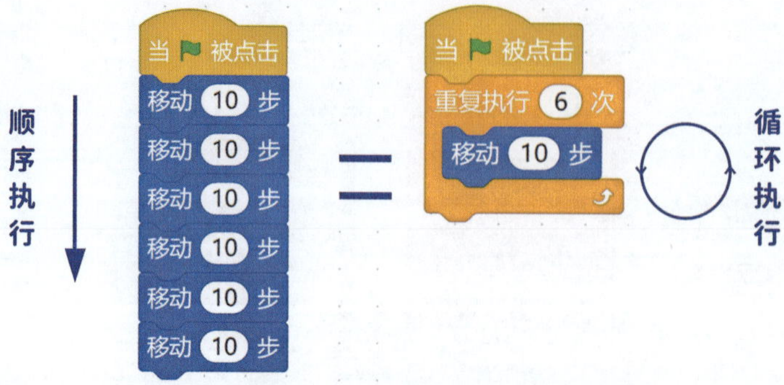

图 8-5　循环控制积木的应用

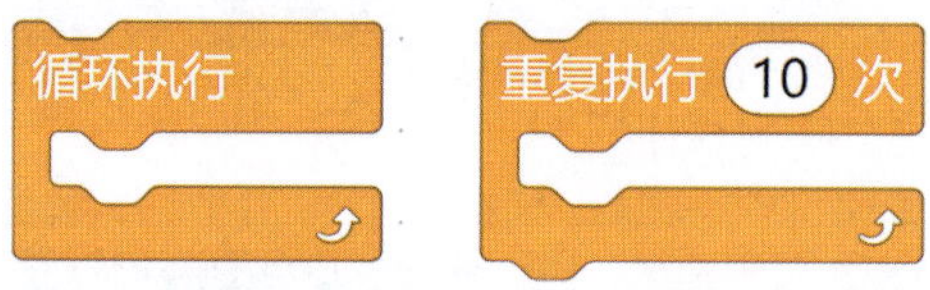

图 8-6　循环控制积木

表 8-4　循环控制积木 1 功能列表

积木	选项	具体功能
	功能	一直重复执行该积木中的程序块，可使用停止按钮或停止全部脚本积木来结束循环
	参数	无

表 8-5　循环控制积木 2 功能列表

积木	选项	具体功能
	功能	重复执行放入该积木中的程序块，重复的次数为设置的参数
	参数	椭圆形参数，需要重复执行的次数，默认 10

8.4　条件循环控制

在编程时，有时还会遇到这种场景：需要一直重复执行某件事，直到满足某个条件就停止执行，这就需要条件循环控制积木

，该积木的具体功能：一直重复执行放入该积木中的程序块，直到菱形空格里的条件得到满足（获得真或者 true 的结果），停止循环，继续执行

后面的程序。具体应用如图 8-7 所示，当没有按下“a”键时，角色会一直说“没有按下任何键”；当按下“a”键时，此时菱形空格里的条件得到满足（获得真或者 true 的结果），停止循环，继续执行

。

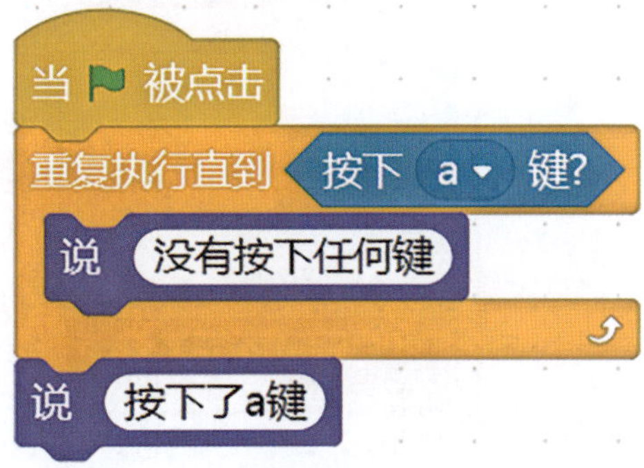

图 8-7　条件循环控制积木的应用

8.5　嵌套循环控制

在 Mind+ 编程中，循环控制除了可以单独使用之外，还可以嵌套使用。嵌套循环是循环控制积木内部再加一个循环控制积木，外层循环执行称为外循环，内层循环执行称为内循环。当使用嵌套循环时，它的执行过程是由外到内，外层循环每执行一次，内层就执行一个完整的循环。

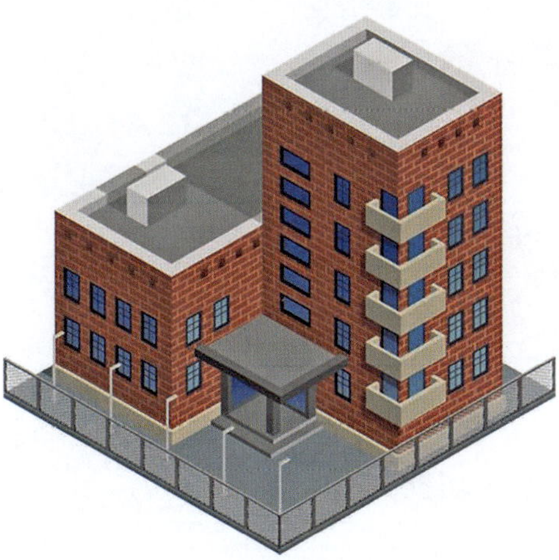

图 8-8　嵌套循环控制比喻

比如图 8-8，有一栋五层的大楼，每一层都有好多个房间，我们怎样确保找遍每一层的每一个房间？我们需要先进第一层，再上第二层、第三层……，这就相当于我们说的外循环，在每到达一层我们都要挨个去检查每个房间，这就是内循环。外循环每执行一次（到达一层），内层就执行一个完整的循环（走遍这层所有房间）。

循环控制积木（包括条件循环控制积木）的嵌套循环控制应用如图 8-9 所示。

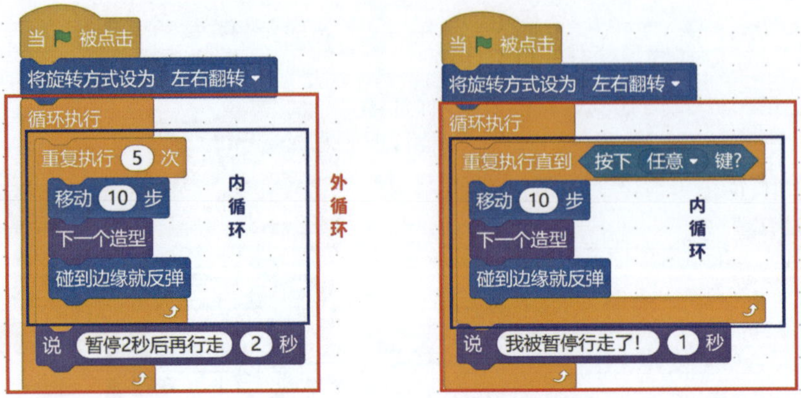

应用1：2个循环控制积木嵌套　　应用2：1个循环控制积木与1个条件循环控制积木嵌套

图 8-9　嵌套循环控制的应用

8.6 等待和停止控制

在 Mind+ 编程中，有时角色不需要很快执行某种动作，或者角色动作执行完毕后需要结束程序运行，那就需要等待和停止控制积木。如图 8-10 所示，控制积木中有 2 个等待控制积木和 1 个停止控制积木，具体功能如表 8-6 ~表 8-8 所示。

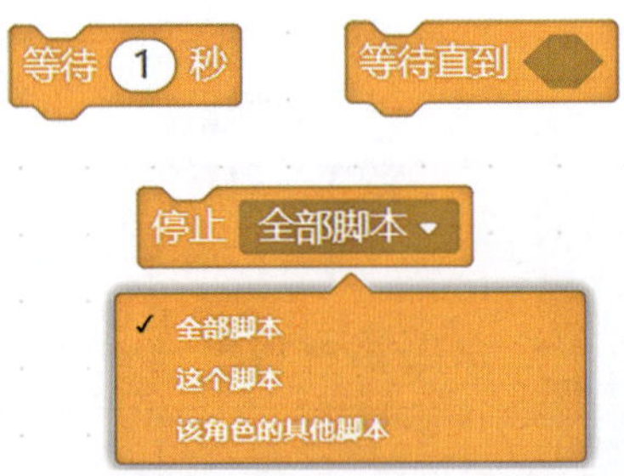

图 8-10　等待和停止控制积木

表 8-6　等待和停止控制积木 1 功能列表

积木	选项	具体功能
	功能	等待设置的时间后，再继续执行后面的积木
	参数	椭圆形参数，输入等待的时间（以秒为单位），默认 1

表 8-7　等待和停止控制积木 2 功能列表

积木	选项	具体功能
	功能	一直等待，直到菱形空格里的条件得到满足（为真或者 true），再继续执行后面的积木
	参数	菱形参数，主要为侦测积木和运算符积木中的菱形积木

表 8-8　等待和停止控制积木 3 功能列表

积木	选项	具体功能
	功能	结束正在运行的程序
	参数	特定参数选项为全部脚本、这个脚本和该角色的其他脚本，默认全部脚本。 ① 全部脚本：停止作品中的所有程序。 ② 这个脚本：停止该积木所在的程序。 ③ 该角色的其他脚本：停止当前角色中，该积木不在的其他程序

具体应用如图 8-11 所示，运行程序，角色先移动 20 步，等待 2 秒后，再一直说“你好！”，直到按下“a”键，此时停止说“你好！”，执行。

图 8-11　等待控制积木的应用

8.7 克隆控制

在《西游记》动画片中，孙悟空可以拔毫毛变出无数多个小猢狲，这个法术的特点就是瞬间将自己复制成千上万个，实现分身的效果。在 Mind+ 编程中，也有一个类似孙悟空的“法术”——克隆，通过克隆控制，舞台上的角色也能实现分身的效果。如图 8-12 所示，控制积木中有 3 个克隆控制积木，具体功能如表 8-9 ~表 8-11 所示。

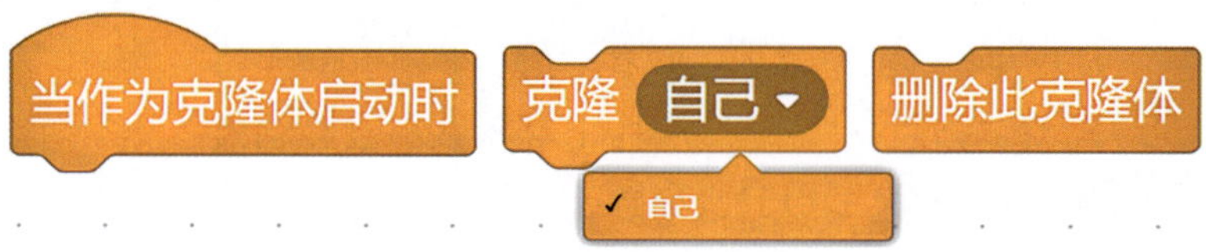

图 8-12　克隆控制积木

表 8-9　克隆控制积木 1 功能列表

积木	选项	具体功能
	功能	当一个角色（本体）被克隆时，执行该积木，用于控制克隆体的操作
	参数	无

表 8-10　克隆控制积木 2 功能列表

积木	选项	具体功能
	功能	选中角色进行克隆，生成的克隆体与本体的位置、方向、大小、颜色、隐藏状态都相同。 注意：Mind+ 中最多只能有 300 个克隆体，克隆体越多，程序运行越卡顿，所以当一个克隆体不再需要时，要及时将其删除
	参数	特定参数，下拉框切换参数选项，添加角色后，选项会增加角色名称，默认“自己”

表 8-11　克隆控制积木 3 功能列表

积木	选项	具体功能
删除此克隆体	功能	删除生成的克隆体，点击停止按钮或使用停止全部脚本积木，则可以删除所有克隆体
	参数	无

3 个克隆控制积木的应用如图 8-13 所示。运行程序，进入循环执行，角色先克隆自己，克隆体立即启动，移动到随机位置，同时本体也立即执行 等待 1 秒，此过程重复执行 5 次，在舞台上呈现出右面的效果。最后克隆体从启动开始经过 8 秒后，依次删除消失（注意：Mind+ 中最多只能有 300 个克隆体，克隆体越多，程序运行越卡顿，所以当一个克隆体不再需要时，要及时将其删除）。

图 8-13　克隆控制积木的应用

8.8　项目练习

基于本章内容的学习，我们掌握了条件控制、循环控制、条件循环控制、嵌套循环控制、克隆控制以及等待和停止控制等积木的应用。下面通过“机器人分身术”练习项目对本章学习情况进行检验。

（1）编程前思考

在开始编程之前，先来思考以下几个问题：

① 该项目有几个舞台背景？分别是什么？

② 该项目有几个声音？分别是什么？

③ 该项目有几个角色？分别是什么？

④ 该项目中舞台需要完成什么？

⑤ 该项目中每个角色都需要完成什么？

带着上面的思考问题，开始分析“机器人分身术”练习项目。

① 该项目有几个舞台背景？分别是什么？如图 8-14 所示，在本项目中，使用 1 个舞台背景——“星空 -3”。

② 该项目有几个声音？分别是什么？如图 8-15 所示，在本项目中使用到了 Mind+ 自带声音库的“自由”声音。

图 8-14　项目的舞台背景

图 8-15　项目的声音

③ 该项目有几个角色？分别是什么？如图 8-16 所示，在本项目中，存在 1 个角色：宇航员（站立）。

图 8-16　练习项目的角色

④ 该项目中舞台需要完成什么？本项目中舞台需要进行编程，主要完成作品的背景音乐循环播放。

⑤ 该项目中每个角色都需要完成什么？本项目中，宇航员（站立）主要完成：

a. 宇航员（站立）先隐藏，然后变小移动到舞台中央；

b. 宇航员（站立）显示逐渐变大，出现在舞台中央并说话；

c. 宇航员（站立）进入滑行到随机位置的无限循环；

d. 宇航员（站立）等待被点击，被点击后，开始克隆自己；

e. 宇航员（站立）克隆体改变颜色，滑行到随机位置，并删除克隆体。

（2）编程前准备

通过上面的项目思考与分析，在开始拖拽积木编程之前，先做好项目的准备：添加舞台背景、声音和角色。点击“菜单栏”→“项目”→“新建项目”，默认会创建角色——机器人“麦的佳”，由于本练习项目使用的是其他角色，因此要删除默认的机器人“麦的佳”。

① 添加舞台背景。如图 8-17 所示，点击“舞台背景编辑区”→“舞台背景添加”→“背景库”→“太空”，在 Mind+ 自带的背景库中选择背景图片——“星空 -3”。

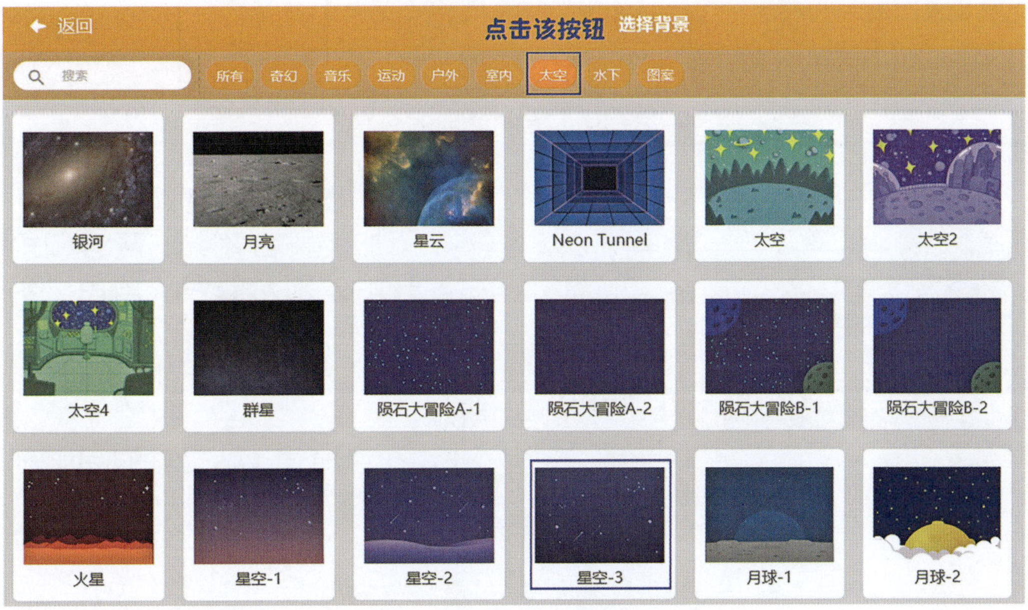

图 8-17　添加项目的舞台背景

② 添加声音。如图 8-18 所示，点击“功能区”→“声音”→“添加声音”→“选择一个声音”→“可循环”，在 Mind+ 自带的声音库中选择“自由”声音。

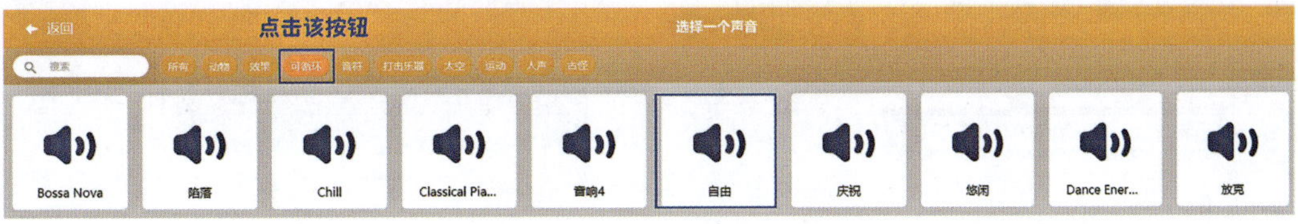

图 8-18　添加项目的声音

③ 添加角色。如图 8-19 所示，点击“角色编辑区”→“角色添加”→“角色库”→“Mind+”，在 Mind+ 自带的角色库中选择“Mind+ 宇航员 - 站立”。

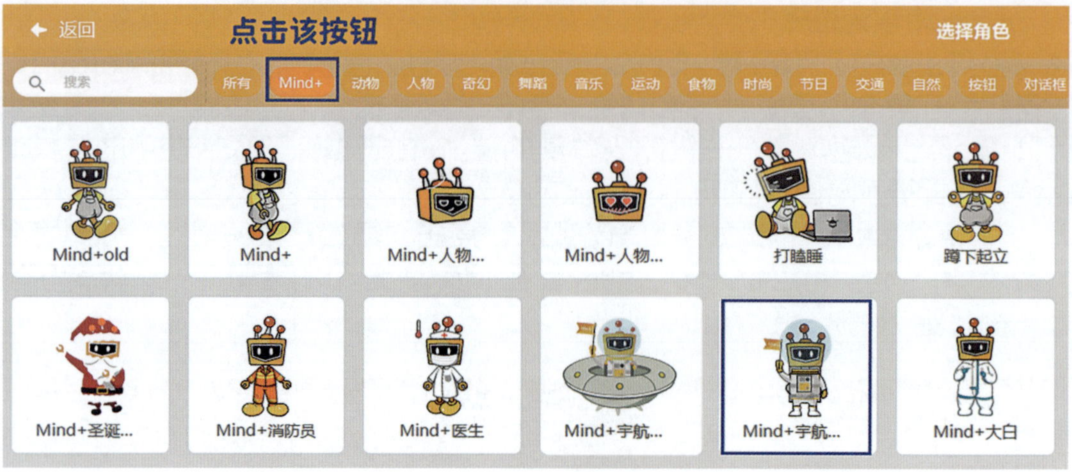

图 8-19 添加项目的角色

（3）图形化编程

添加完舞台背景、声音和角色后，开始分别对舞台、角色“宇航员（站立）”进行图形化编程。

① 舞台的完整程序如图 8-20 所示。

② 宇航员（站立）的完整程序如图 8-21 所示。

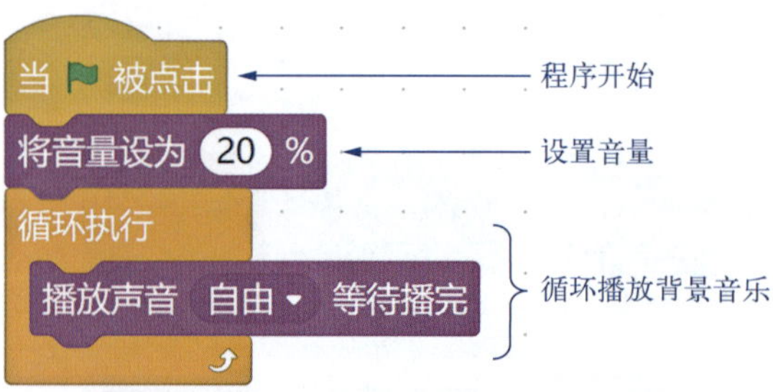

图 8-20 项目中舞台的程序

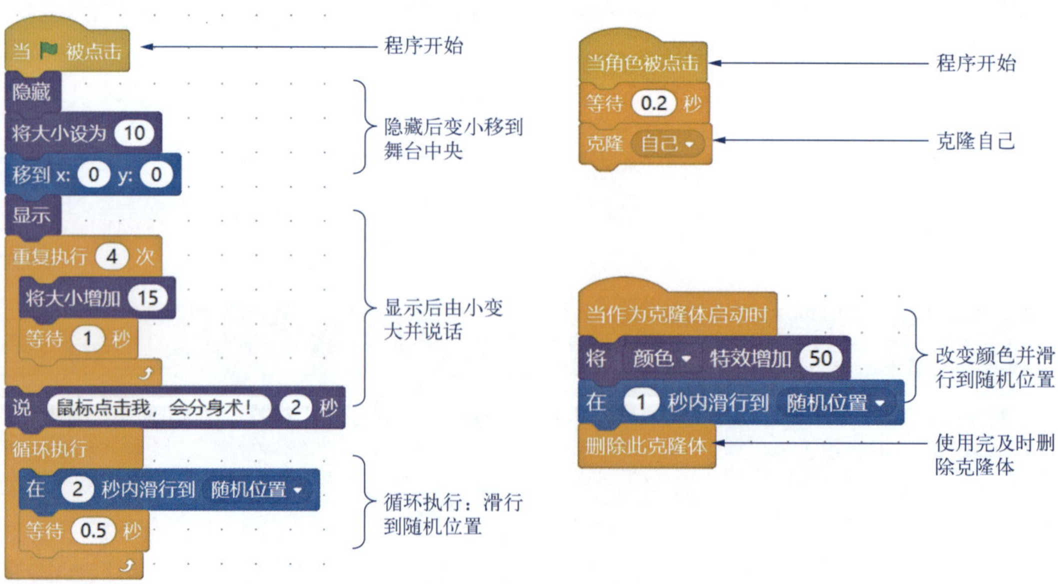

图 8-21 项目中宇航员（站立）的程序

（4）运行效果

程序编写完成后，点击“ ”运行，部分效果图如图 8-22 所示。

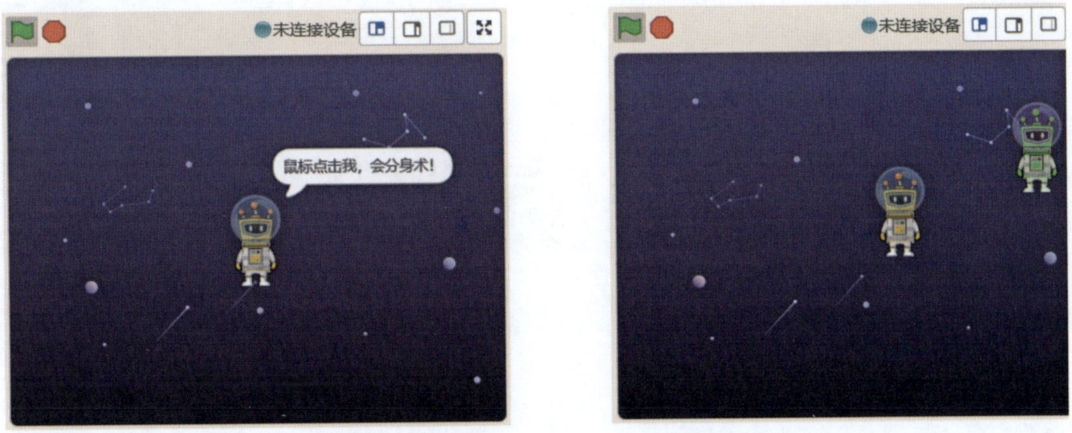

图 8-22　项目运行的部分效果图

控制积木编程案例演示

第9章

侦测积木编程

青少年创意编程与电子制作系列

{CODING}

9.1 侦测积木简介

像人的眼睛、耳朵、手一样，在 Mind+ 中，同样有类似的积木，可以获取到角色或者舞台背景的状态信息，这就是本章要学习的侦测积木。在 Mind+ 中，侦测积木主要完成如下功能：

① 碰撞侦测；

② 询问和回答；

③ 鼠标键盘输入侦测；

④ 侦测变量。

在 Mind+ 中，选中角色或舞台背景时，在积木区对应的积木会不相同。图 9-1 为选中角色和选中舞台背景时对应的侦测积木（注意有区别）。

图 9-1　选中角色和舞台背景时对应的侦测积木

9.2 碰撞侦测

碰撞侦测，是指在 Mind+ 编程中可以侦测角色之间、角色和舞台之间是否发生碰撞。如图 9-2 所示，在侦测积木中有 3 个碰撞侦测积木。具体功能如表 9-1 ~表 9-3 所示。

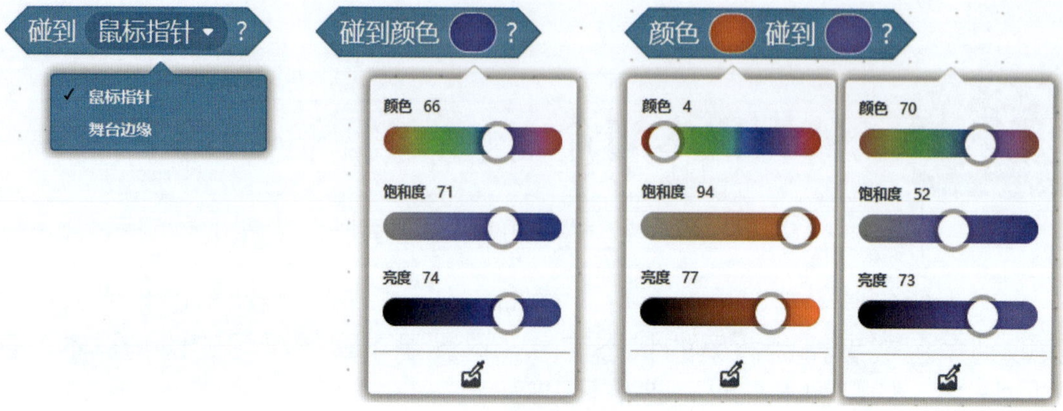

图 9-2　碰撞侦测积木

表 9-1　碰撞侦测积木 1 功能列表

积木	选项	具体功能
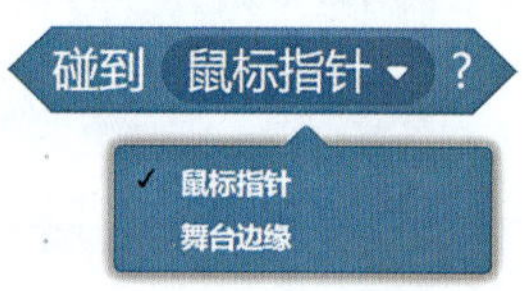	功能	判断角色是否碰到所选选项，碰到了得到 true（真），没有碰到得到 false（假）。若角色被隐藏后，不能正常侦测，得到 false。该积木用于菱形参数积木中作为判断条件
	参数	特定参数，下拉框切换参数选项，选项为鼠标指针、舞台边缘，添加角色后，选项增加角色名称。默认鼠标指针。 ① 鼠标指针：角色碰到鼠标指针时，返回 true；没碰到时，返回 false。 ② 舞台边缘：角色碰到舞台边缘时，返回 true；没有碰到时，返回 false。 ③ 角色名称：当前角色碰到所选角色时，返回 true；没碰到时，返回 false

表 9-2　碰撞侦测积木 2 功能列表

积木	选项	具体功能
	功能	判断角色是否碰到所选颜色，碰到了得到 true，没有碰到得到 false。角色隐藏后，可以正常侦测。该积木一般用于菱形参数积木中作为判断条件
	参数	椭圆形参数，需判断的颜色，默认随机颜色

表 9-3　碰撞侦测积木 3 功能列表

积木	选项	具体功能
	功能	判断当前角色自身具有的颜色是否碰到另一种所选颜色，碰到了得到 true，没有碰到得到 false。角色隐藏后，可正常侦测。该积木一般用于菱形参数积木中作判断条件
	参数	椭圆形参数，第 1 个参数为角色自身的颜色，默认随机颜色；第 2 个参数为是否碰到的颜色，默认随机颜色

需要注意的是，是侦测整个角色是否碰到所选颜色，如果需要判断角色的某一部分（某一边）是否碰到所选颜色，应该使用，该积木中有两个颜色框，第一个框选中的是角色本身的某种颜色，第二个框是选中需要判断它是否碰到的颜色，通过该积木，可以判断角色的哪个方向被碰撞。

在 Mind+ 编程中，颜色采用范围是 0 ~ 100 的三个数字表示，分别为颜色值、饱和度值和亮度值。具体功能如下：

① 颜色值：用来更换颜色。

② 饱和度值：用来调整颜色的色调，数字越大，色彩越艳丽，如果设为 0，则只有暗灰色。

③ 亮度值：用来调整颜色的明暗，设为 0 完全变黑，设为 100 颜色最亮。

如图 9-3 所示，可以通过改变颜色值、饱和度值和亮度值调整颜色（图中方法 1）；如果需要的颜色在舞台上，也可以使用滴管工具从舞台中获取颜色（过程见图中方法 2）。

图 9-3　碰撞侦测中获取颜色的 2 种方法

需要注意的是，因为许多颜色看上去似乎一样，但实际上是不同的颜色，运行程序时可能会感觉碰撞侦测不起作用。因此在使用碰撞侦测积木时，尽量使用滴管工具来获取颜色，并且使用差别较大的两种颜色来进行判断。

9.3 询问和回答

在平时上课时，数学老师向小明同学提出问题，小明回答数学题的答案，这是常见的对话。

那么在 Mind+ 编程中，有时会出现人机对话的场景。如图 9-4 所示，运行程序，舞台上角色询问用户名字，同时在舞台底部出现一个输入框，程序也会像等待积木一样，等待用户回答。当用户在输入框中填入答案并用鼠标点击“√”确认以后，程序才会继续执行。这样的人机对话编程，需要使用侦测积木中的询问和回答积木。

图 9-4　人机对话场景

侦测积木中的询问和回答积木如图 9-5 所示，具体功能如表 9-4 和表 9-5 所示。

图 9-5　询问和回答积木

表 9-4　询问和回答积木 1 功能列表

积木	选项	具体功能
询问 你叫什么名字? 并等待	功能	向用户提问，等待用户输入答案。舞台下方出现输入框，程序等待用户输入答案，输入答案并点击“√”后，程序继续执行
	参数	椭圆形参数，输入信息，默认“你叫什么名字？”

表 9-5　询问和回答积木 2 功能列表

积木	选项	具体功能
回答	功能	作为变量积木用，用于获取用户在询问积木中输入的答案
	参数	无。选中小方框，在舞台上实时显示输入的答案

回答 是 Mind+ 自带的变量积木，与 询问 你叫什么名字? 并等待 是一对积木，用于获取用户在询问积木中输入的答案。当选中小方框时，在舞台上实时显示输入的答案。图 9-6 所示为询问和回答积木的应用。

应用示例程序　　**输入框输入姓名**　　**说出输入的姓名**

图 9-6　询问和回答积木的应用

9.4 鼠标键盘侦测

在进行 Mind+ 游戏作品编程时需要进行人机交互，比如在舞台上按下鼠标让角色动作，再比如控制电脑键盘的方向键，实现角色的上下左右移动。在侦测积木中，实现对鼠标键盘侦测的积木如图 9-7 所示，具体功能如表 9-6 ~表 9-8 所示。

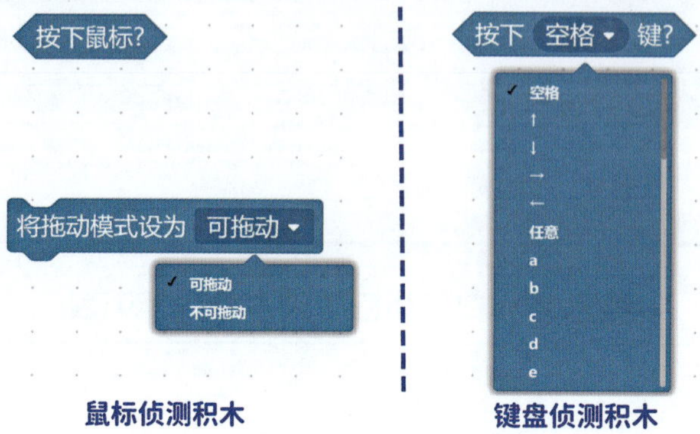

图 9-7　鼠标键盘侦测积木

表 9-6　鼠标键盘侦测积木 1 功能列表

积木	选项	具体功能
	功能	判断鼠标是否在舞台的范围内被按下，按下了得到 true（真），没有按下得到 false（假） 一般用于菱形参数积木中作为判断条件
	参数	无

表 9-7　鼠标键盘侦测积木 2 功能列表

积木	选项	具体功能
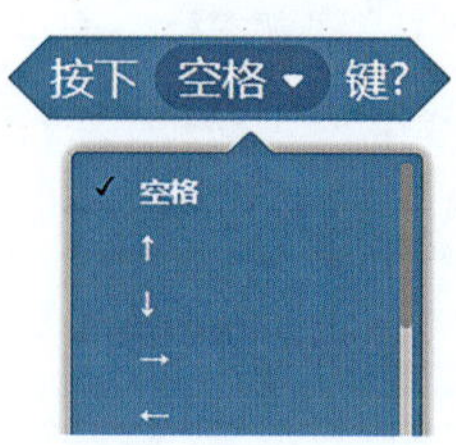	功能	判断是否按下所选按键，按下了得到 true（真），没有按下得到 false（假）。该积木一般用于菱形参数积木中作为判断条件
	参数	特定参数，下拉框切换参数选项，选项为空格键、上下左右方向键、任意键、a ~ z 字母键、0 ~ 9 数字键，默认空格键

表 9-8　鼠标键盘侦测积木 3 功能列表

积木	选项	具体功能
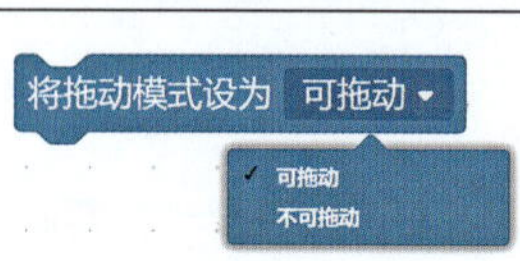	功能	设置角色的拖动模式，注意：不可拖动只有在舞台全屏时才有效。在大舞台模式、小舞台模式下总是可拖动

续表

积木	选项	具体功能
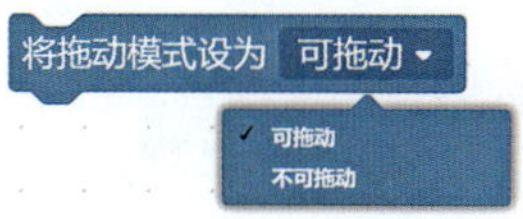	参数	特定参数，下拉框切换参数选项，选项为可拖动、不可拖动，默认可拖动。 ① 可拖动：可使用鼠标在舞台中拖动角色任意移动。 ② 不可拖动：不能使用鼠标拖动角色，角色固定不动

3 个鼠标键盘侦测积木的应用如图 9-8 所示。运行程序，先将角色移到舞台中央，设置为鼠标可拖动方式，进入循环执行，在循环体中判断是否按下鼠标，若按下鼠标，则角色移动到鼠标位置处，若没有按下鼠标，接着判断是否按下键盘的“a”键，若按下“a”键，则将角色重新移到舞台中央，若没有按下“a”键，则进入下一次的循环。

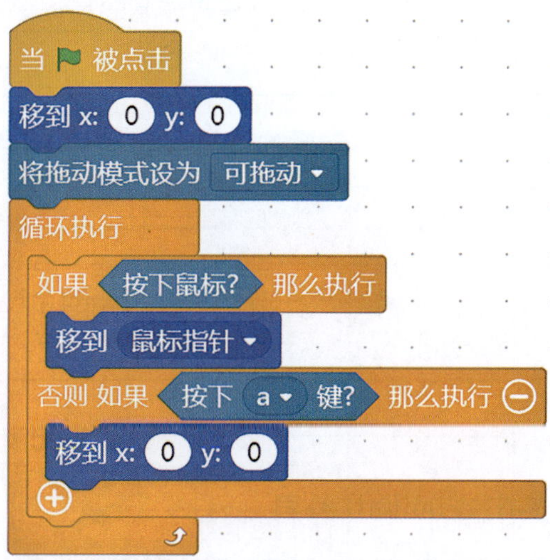

图 9-8　鼠标键盘侦测积木的应用

9.5 侦测变量积木

在侦测积木中，除了碰撞侦测、询问和回答、鼠标键盘侦测等用作判断条件的积木，如图 9-9 所示，还有一些 Mind+ 自带的变量积木，这些变量积木的具体功能如表 9-9 ~表 9-16 所示。

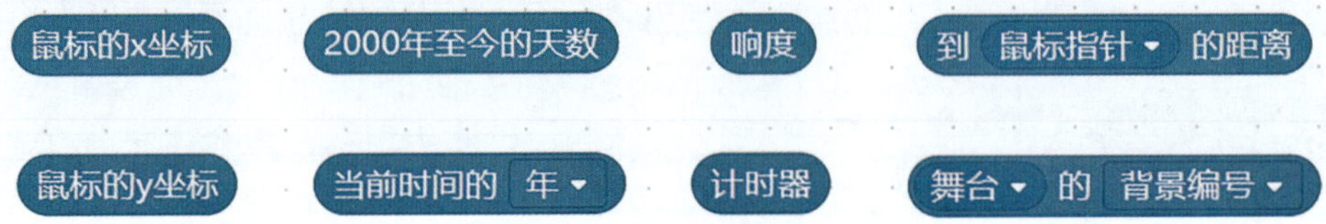

图 9-9　侦测变量积木

表 9-9　侦测变量积木 1 功能列表

积木	选项	具体功能
鼠标的x坐标	功能	获取鼠标在舞台中的 x 坐标值，−240 ≤获取值≤ 240，用于椭圆形参数积木和特定参数（椭圆形下拉框）积木
	参数	无。需要注意的是，该积木无小方框，不能在舞台上实时显示

表 9-10　侦测变量积木 2 功能列表

积木	选项	具体功能
鼠标的y坐标	功能	获取鼠标在舞台中的 y 坐标值，−180 ≤返回值≤ 180，用于椭圆形参数积木和特定参数（椭圆形下拉框）积木
	参数	无。需要注意的是，该积木无小方框，不能在舞台上实时显示

表 9-11　侦测变量积木 3 功能列表

积木	选项	具体功能
响度	功能	通过电脑的麦克风获取环境声音大小，0 ≤响度值≤ 100，数字越大，声音越大，可作为参数使用
	参数	无。选中小方框，在舞台上实时显示环境声音的响度值

表 9–12　侦测变量积木 4 功能列表

积木	选项	具体功能
计时器	功能	获取从绿旗按钮被点击或计时器归零时，到现在共过去了多少秒（精确到 0.001 秒），常配合计时器归零使用，可作为参数使用
	参数	无。选中小方框，在舞台上实时显示从绿旗按钮被点击或计时器归零时记录的时间（以秒为单位）

表 9–13　侦测变量积木 5 功能列表

积木	选项	具体功能
当前时间的 年 ▾	功能	获取当前所选参数的时间值，使用数字表示，可作为参数使用
	参数	特定参数，下拉框切换参数选项，选项为年、月、日、星期、时、分、秒，默认年。选中小方框，舞台上实时显示当前参数的时间值。 ① 年：获取当前年份的数字，如 2024 年，获取 2024。 ② 月：获取当前月份的数字，如 9 月，获取 9。 ③ 日：获取当月日期的数字，如 9 月 19 日，获取 19。 ④ 星期：获取当前星期的数字，星期日获取 1，星期一获取 2，依此类推，星期六获取 7（外国习惯）。 ⑤ 时：获取当前时的数字，24 小时制，如下午 1 点，获取 13，午夜 12 点，获取 0。 ⑥ 分：获取当前分的数字，如上午 9 点 33 分，获取 33。 ⑦ 秒：获取当前秒数的数字，如上午 9 点 33 分 58 秒，获取 58

表 9-14　侦测变量积木 6 功能列表

积木	选项	具体功能
2000年至今的天数	功能	获取 2000 年 1 月 1 日距离现在过去了多少天的小数值，可以通过四舍五入获取整数天，用于椭圆形参数积木和特定参数（椭圆形下拉框）积木
	参数	无

表 9-15　侦测变量积木 7 功能列表

积木	选项	具体功能
到 鼠标指针 ▾ 的距离	功能	获取角色坐标点到所选参数的距离，用于椭圆形参数积木和特定参数（椭圆形下拉框）积木
	参数	特定参数，下拉框切换参数选项，选项为鼠标指针，默认鼠标指针，添加角色后，选项中增加角色名称。需要注意的是，该积木无小方框，不能在舞台上实时显示

表 9-16　侦测变量积木 8 功能列表

积木	选项	具体功能
舞台 ▾ 的 背景编号 ▾	功能	获取舞台或所选角色的信息，用于椭圆形参数积木和特定参数（椭圆形下拉框）积木
	类型参数	特定参数，下拉框切换参数选项，默认舞台，添加角色后，选项增加角色名称
	信息参数	特定参数，下拉框切换参数选项，默认背景编号。 ① 类型参数为舞台时，选项为背景编号、背景名称、音量和变量“my variable”。 ② 类型参数为角色名称时，选项为 x 坐标、y 坐标、方向、造型编号、造型名称、大小、音量

计时器配合计时器归零（该积木清零计时器的数值）使用，经常用于某一个角色动作或游戏操作的倒计时。图 9-10 所示为以上各个变量积木的应用。

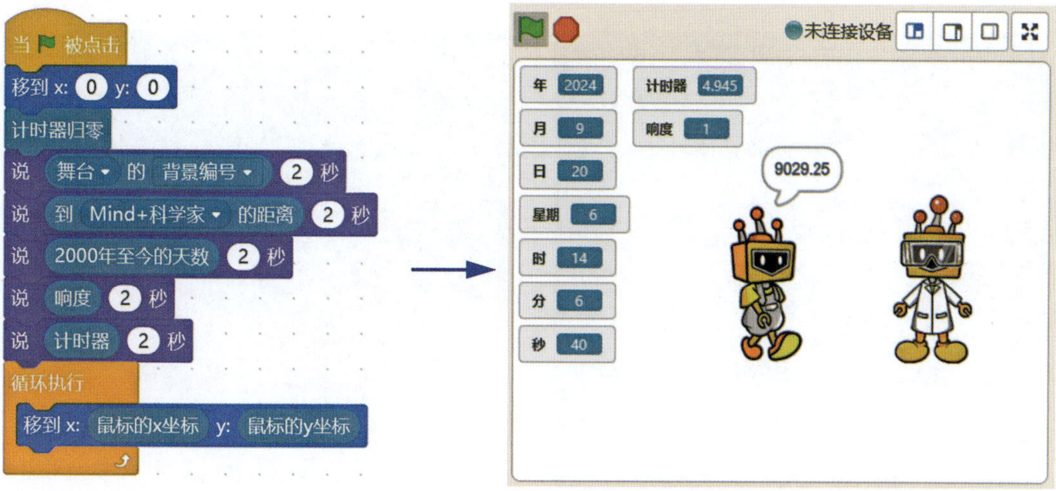

图 9-10　侦测变量积木的应用

9.6　项目练习

基于本章内容的学习，我们掌握了如何通过侦测积木进行碰撞侦测、询问和回答、鼠标键盘侦测。最后学习了侦测积木分类中 Mind+ 自带的侦测变量积木。下面通过“太空遨游”练习项目对本章学习情况进行检验。

（1）编程前思考

在开始编程之前，先来思考以下几个问题：

① 该项目有几个舞台背景？分别是什么？

② 该项目有几个声音？分别是什么？

③ 该项目有几个角色？分别是什么？

④ 该项目中舞台需要完成什么？

⑤ 该项目中每个角色都需要完成什么？

带着上面的思考问题，开始分析“太空遨游”练习项目。

① 该项目有几个舞台背景？分别是什么？如图 9-11 ~ 图 9-13 所示，在本项目中，使用 3 个舞台背景——“月球 -1”“火星”“银河”。

② 该项目有几个声音？分别是什么？如图 9-14 所示，在本项目中使用到了 Mind+ 自带声音库的“自由”声音。

图 9-11　项目的舞台背景——月球

图 9-12　项目的舞台背景——火星

图 9-13　项目的舞台背景——银河

图 9-14　项目的声音

③ 该项目有几个角色？分别是什么？如图 9-15 所示，在本项目中，存在一个角色——麦的佳。

④ 该项目中舞台需要完成什么？本项目中舞台需要进行编程，主要完成作品的背景音乐循环播放。

⑤ 该项目中每个角色都需要完成什么？在本项目中，麦的佳主要完成：

图 9-15　练习项目的角色

a. 麦的佳先移动到舞台左侧位置并说开场白；

b. 麦的佳等待用户输入信息，确定输入后开始边走边介绍；

c. 麦的佳若走到舞台边缘则切换舞台背景，并重新从舞台左侧边走边介绍。

（2）编程前准备

通过上面的项目思考与分析，在开始拖拽积木编程之前，先做好项目的准备：添加舞台背景和声音。点击“菜单栏”→“项目”→“新建项目”，默认会创建角色——机器人“麦的佳”，该角色为本练习项目角色，不需要再添加其他角色。

① 添加舞台背景。如图 9-16 所示，点击“舞台背景编辑区”→“舞台背景添加”→“背景库”→“太空”，在 Mind+ 自带的背景库中选择背景图片——“月球 -1”“火星”“银河”。

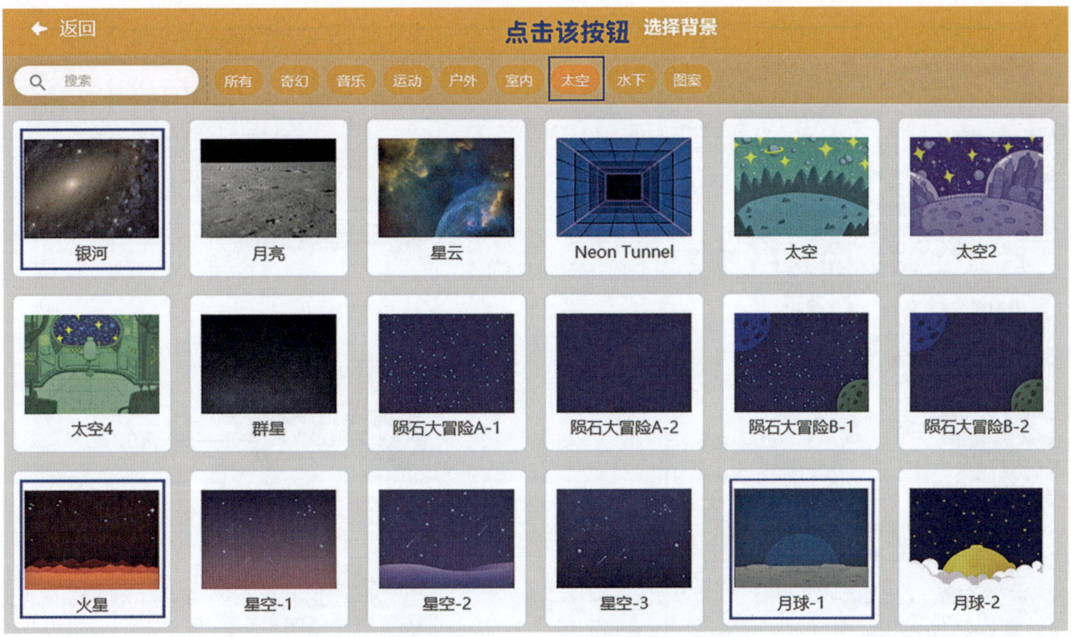

图 9-16　添加项目的舞台背景

② 添加声音。如图 9-17 所示，点击“功能区”→“声音”→“添加声音”→“选择一个声音”→“可循环”，在 Mind+ 自带的声音库中选择“自由”声音。

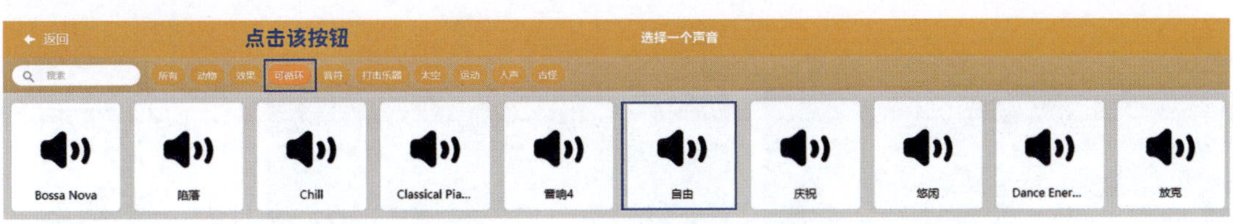

图 9-17　添加项目的声音

（3）图形化编程

添加完舞台背景和声音后，开始对舞台和角色“麦的佳”进行图形化编程。

① 舞台的完整程序如图 9-18 所示。

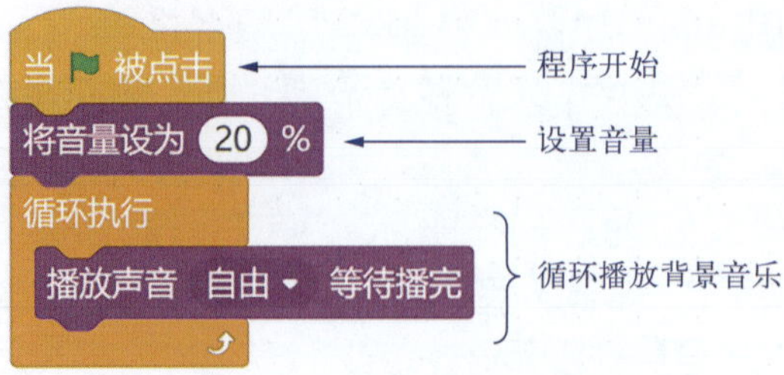

图 9-18　项目中舞台的程序

② “麦的佳”的完整程序如图 9-19 所示。

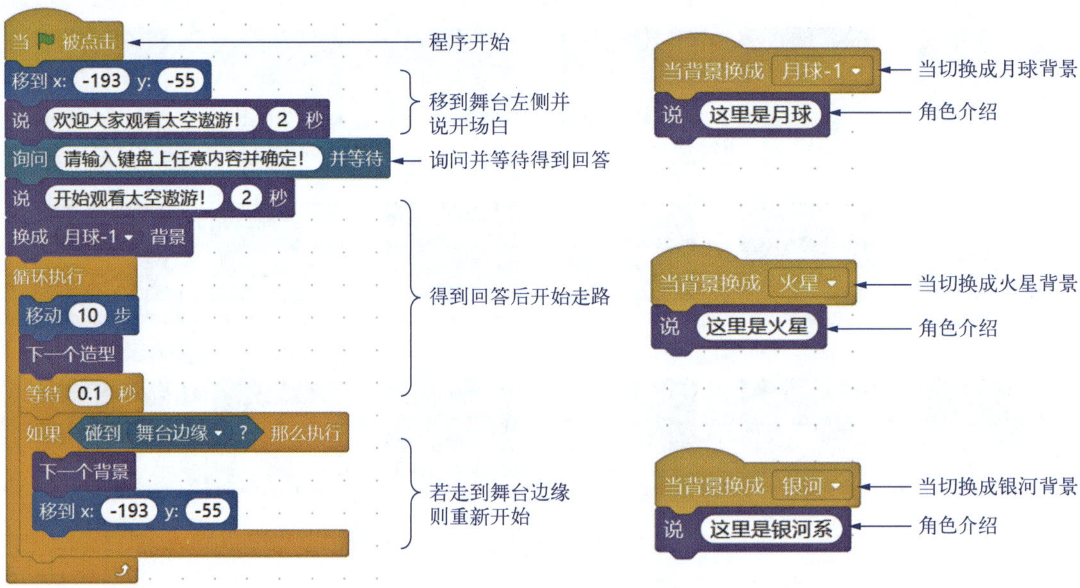

图 9-19　项目的完整程序

（4）运行效果

程序编写完成后，点击“🏁”运行，部分效果图如图 9-20 所示。

图 9-20　项目运行的部分效果图

侦测积木编程
案例演示

第10章

运算符积木编程

青少年创意编程与电子制作系列

{CODING}

10.1 运算符积木简介

Mind+ 中不仅可以通过编程实现动画、游戏等作品，还可以做数学题。本章就开始学习编程中的数学。在 Mind+ 中，实现数学运算的积木称为运算符积木，其主要完成如下功能：

① 数学运算；

② 比较运算；

③ 逻辑运算；

④ 字符运算。

在 Mind+ 中，选中角色和选中舞台背景时对应的运算符积木是一样的，共 22 个积木，没有区别。

10.2 数据类型

由于运算符积木主要用来进行数学、比较、逻辑、字符等方面的运算，因此必然涉及数据。在 Mind+ 中支持三种类型的数据。

（1）数字

比如 1、2 等整数，5.8、9.9 等小数。如图 10-1 所示，积木中的参数都是数字。

图 10-1　数据类型之一——数字

（2）布尔值

布尔值仅有两个值：true 或 false，即真或假。通常用于条件判断，当条件满足（成立）时就是 true，条件不满足（不成立）时就是 false。如图 10-2 所示，积木中的菱形积木或者菱形参数积木都可获取 true 或 false。

图 10-2　数据类型之二——布尔值

（3）字符串

在 Mind+ 编程中，通常把中文、英文字母、数字、标点符号、特殊符号叫作字符，例如：‘我’、‘A’、‘d’、‘8’、‘。’、‘@’、‘ ’（空格）。字符的特点是需要加单引号（‘’）进行表示。由两个或者多个字符组成的单词或者语句则被称为字符串，例如：“jack ！”字符串就是由‘j’、‘a’、‘c’、‘k’、‘ ’（空格）、‘!’共 6 个字符组成，“我叫小明”字符串就是由‘我’、‘叫’、‘小’、‘明’共 4 个字符组成。字符串的特点是需要加双引号（“ ”）进行表示，字符串也称为文本。如图 10-3 所示，积木中的参数都是字符串。

图 10-3　数据类型之三——字符串

10.3　数学运算

同学们在学习数学时，都学习过加减乘除运算、有余除法运算、四舍五入近似运算、绝对值运算、取整运算等。如图 10-4 所示，在 Mind+ 中也有对应这些数学运算的积木，具体功能如表 10-1 ~ 表 10-8 所示。

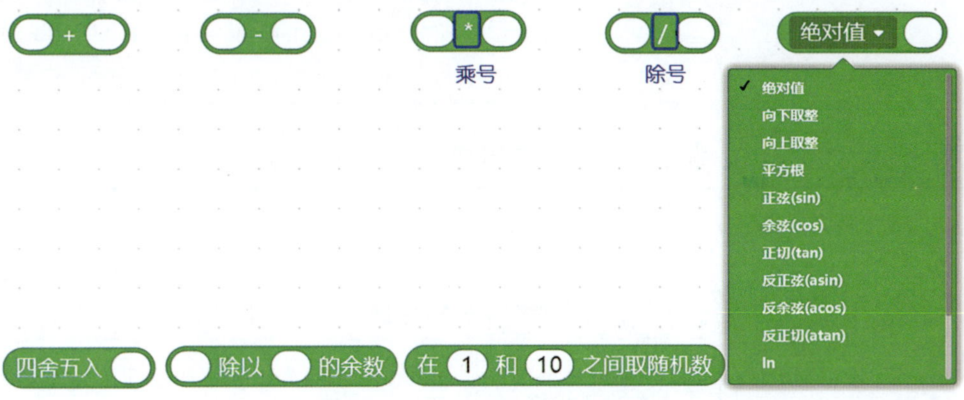

图 10-4　数学运算积木

表 10-1　数学运算积木 1 功能列表

积木	选项	具体功能
	功能	计算并取得两个数的和，用于椭圆形参数积木和特定参数（椭圆形下拉框）积木
	参数	椭圆形参数，2 个需要相加的数字

表 10-2　数学运算积木 2 功能列表

积木	选项	具体功能
	功能	计算并取得两个数的差，用于椭圆形参数积木和特定参数（椭圆形下拉框）积木
	参数	椭圆形参数，2 个需要相减的数字

表 10-3　数学运算积木 3 功能列表

积木	选项	具体功能
	功能	计算并取得两个数的乘积，用于椭圆形参数积木和特定参数（椭圆形下拉框）积木
	参数	椭圆形参数，2 个需要相乘的数字

表 10-4　数学运算积木 4 功能列表

积木	选项	具体功能
	功能	计算并取得两个数的商，用于椭圆形参数积木和特定参数（椭圆形下拉框）积木
	参数	椭圆形参数，2 个需要相除的数字。注意：一个正数除以 0 时，得到 Infinity，表示正无穷大。一个负数除以 0 时，得到 -Infinity，表示负无穷大。0 除以 0 时，得到 NaN（not a number），表示不是数字

表 10-5　数学运算积木 5 功能列表

积木	选项	具体功能
	功能	计算并取得两个数相除后的余数，用于椭圆形参数积木和特定参数（椭圆下拉框）积木
	参数	椭圆形参数，2 个需要相除的数字。注意：除数为 0，返回 NaN，表示不是数字

表 10-6　数学运算积木 6 功能列表

积木	选项	具体功能
	功能	对参数的小数部分进行四舍五入，然后取整数，用于椭圆形参数积木和特定参数（椭圆形下拉框）积木
	参数	椭圆形参数，需要四舍五入的数字

表 10-7　数学运算积木 7 功能列表

积木	选项	具体功能
	功能	对设置的数字进行参数所选的数学运算，用于椭圆形参数积木和特定参数（椭圆形下拉框）积木
	参数	特定参数积木，选项为绝对值、向下取整、向上取整、平方根、正弦（sin）、余弦（cos）、正切（tan）、反正弦（asin）、反余弦（acos）、反正切（atan）、ln、log、e^、10^。默认绝对值

表 10-8　数学运算积木 8 功能列表

积木	选项	具体功能
	功能	返回两个参数之间的随机数，返回的随机数范围包含填入的参数，用于椭圆形参数积木和特定参数（椭圆形下拉框）积木
	参数	椭圆形参数，第 1 个参数输入随机数的最小值，第 2 个参数输入随机数的最大值，默认 1、10。注意：当 2 个参数为整数时，返回随机整数。当 2 个参数中任意一个为小数时，返回随机小数

通过数学知识，我们知道当多种不同运算放在一起进行混合运算时，会有运算法则，通常是先乘除，后加减，有括号先算括号中的数字。在 Mind+ 中，同样可以进行混合运算，可以将多个加减乘除积木组合在一起，也就是积木嵌套，每个积木就像是一个括号，从内到外依次计算。图 10-5 所示为加减乘除积木嵌套的应用。

图 10-5　加减乘除积木组合（嵌套）的应用

数学的整数除法运算中有一种有余除法，是指当除不尽时会有余数，可以采用（ 除以 的余数）来获取该余数。在进行小数除法运算时，会经常对结果进行四舍五入近似，可以采用（四舍五入 ）来实现。此外，可能在数学编程过程中还需要进行一些高级的数学运算，如求负数的绝对值、1 ~ 10 以内的随机出现的数等，可以采用（绝对值 ▾ ）和（在 1 和 10 之间取随机数）实现。图 10-6 是数学运算积木的应用。

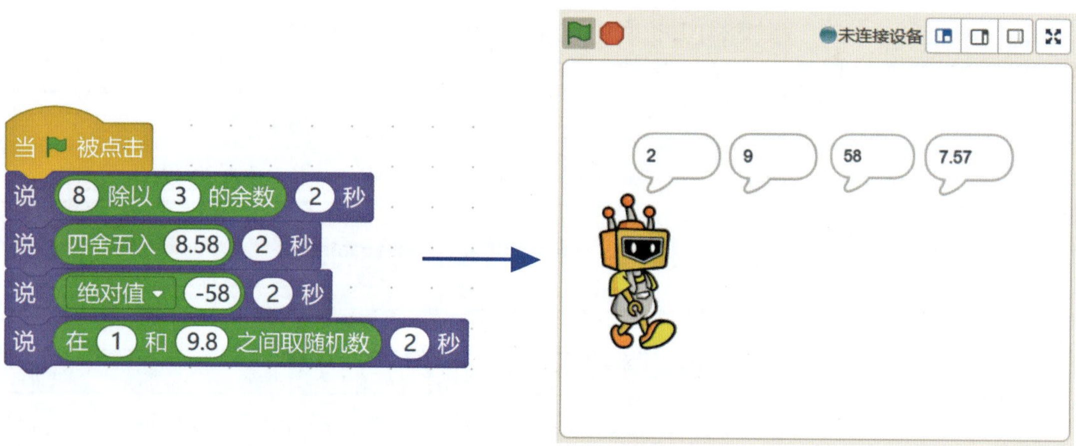

图 10-6　数学运算积木的应用

10.4　比较运算

通过数学知识，我们会比较 2 个数的大小，比如数字 $A=2$，数字 $B=3$，那么 $A < B$。在 Mind+ 中，如图 10-7 所示，也有比较 2 个或者多个数大小的积木，称为比较运算积木，具体功能如表 10-9 ~ 表 10-11 所示。

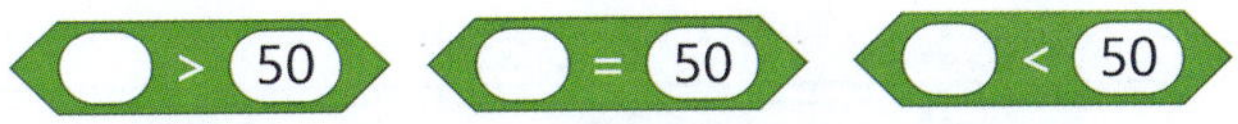

图 10-7　比较运算积木

表 10-9　比较运算积木 1 功能列表

积木	选项	具体功能
	功能	比较两个字符的大小。第 1 个参数大于第 2 个参数，得到 true；第 1 个参数小于或等于第 2 个参数，得到 false。用于菱形参数积木
	参数	菱形参数，2 个用于比较的字符，第 1 个参数默认空，第 2 个参数默认 50。 ① 参数为数字时，按数字大小进行比较。 ② 参数为字符（中英文等）时，使用字符对应的 ASCII 码（一种编码方式）进行比较，英文不区分大小写

表 10-10　比较运算积木 2 功能列表

积木	选项	具体功能
	功能	比较两个字符的大小。第 1 个参数等于第 2 个参数，得到 true；第 1 个参数不等于第 2 个参数，得到 false。用于菱形参数积木
	参数	菱形参数，2 个用于比较的字符，第 1 个参数默认空，第 2 个参数默认 50。 ① 参数为数字时，按数字大小进行比较。 ② 参数为字符（中英文等）时，使用字符对应的 ASCII 码（一种编码方式）进行比较，英文不区分大小写

表 10-11　比较运算积木 3 功能列表

积木	选项	具体功能
	功能	比较两个字符的大小。第 1 个参数小于第 2 个参数，得到 true；第 1 个参数大于或等于第 2 个参数，得到 false。用于菱形参数积木

续表

积木	选项	具体功能
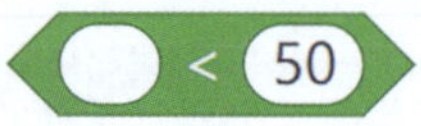	参数	菱形参数，2 个用于比较的字符，第 1 个参数默认空，第 2 个参数默认 50。 ① 参数为数字时，按数字大小进行比较。 ② 参数为字符（中英文等）时，使用字符对应的 ASCII 码（一种编码方式）进行比较，英文不区分大小写

3 个比较运算积木的应用如图 10-8 所示。

图 10-8　比较运算积木的应用

10.5　逻辑运算

日常生活中，经常听到“谁与谁做什么”“谁或谁做什么”“不是谁做的”的对话场景，举例来说：

① “学生 A 与学生 B 吃雪糕”则是指“学生 A 吃雪糕，同时学生 B 也在吃雪糕”这一种情况存在。

② “学生 A 或 B 吃雪糕”，则可能存在以下三种情况：

a. 学生 A 吃雪糕，同时学生 B 也在吃雪糕；

b. 学生 A 吃雪糕，同时学生 B 没有吃雪糕；

c. 学生 A 没有吃雪糕，同时学生 B 在吃雪糕。

③ “非学生 A 吃雪糕”，则是指“学生 A 没有吃雪糕”这一种情况存在。

以上就是日常生活中的与、或、非基本逻辑推理。在 Mind+ 中，不只需要数学运算，还需要逻辑运算。如图 10-9 所示，运算符积木中有 3 个基本的逻辑积木，称为逻辑运算积木，具体功能如表 10-12 ～表 10-14 所示。

图 10-9　逻辑运算积木

表 10-12　逻辑运算积木 1 功能列表

积木	选项	具体功能
	功能	用来判断两个参数条件是否同时满足。两个参数条件都满足（为 true）时，则逻辑与运算的结果为 true；两个参数条件中有任意一个不满足（为 false）或 2 个都不满足（为 false）时，则逻辑与运算结果为 false。用于菱形参数积木
	参数	菱形参数积木，需要逻辑与运算的两个参数条件，默认都为空

表 10-13　逻辑运算积木 2 功能列表

积木	选项	具体功能
	功能	用来判断两个参数条件是否有任意一个满足。两个参数条件有任意一个满足（为 true）时，则逻辑或运算的结果为true；两个参数条件中都不满足（为 false）时，则逻辑或运算的结果为 false。用于菱形参数积木
	参数	菱形参数积木，需要逻辑或运算的两个参数条件，默认都为空

表 10-14 逻辑运算积木 3 功能列表

积木	选项	具体功能
	功能	用来获取与参数条件相反的结果。参数条件满足（为 true）时，则逻辑非运算的结果为 false；参数条件不满足（为 false）时，则逻辑非运算的结果为 true。用于菱形参数积木
	参数	菱形参数积木，初始参数条件，默认为空

针对运算符积木中的与、或、非 3 个基本逻辑运算积木，如表 10-15 所示，可以通过一个叫作真值表的表格来学习基本逻辑运算。

表 10-15 逻辑运算真值表

参数 1 条件	参数 2 条件	与运算	或运算	非运算
true	true	true	true	/
true	false	false	true	/
false	true	false	true	/
false	false	false	false	/
true	/	/	/	false
false	/	/	/	true

如图 10-10 所示，在比较运算积木基础上，通过积木嵌套方式来演示获取逻辑与、或、非运算的结果进而验证前述真值表。

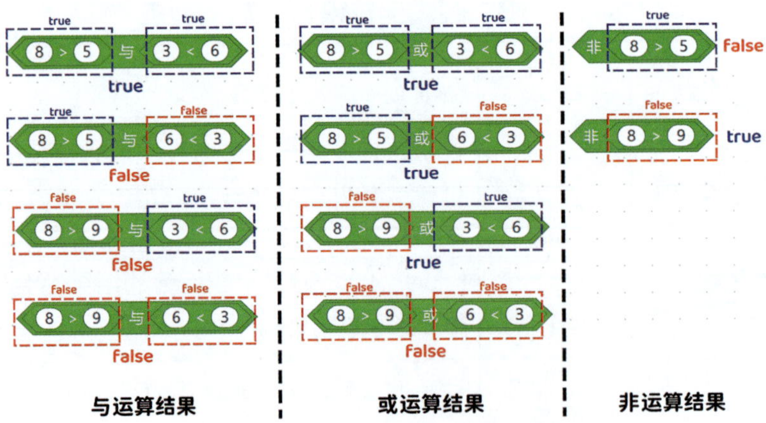

图 10-10 验证逻辑运算真值表

与、或、非基本逻辑运算积木的应用如图 10-11 所示。

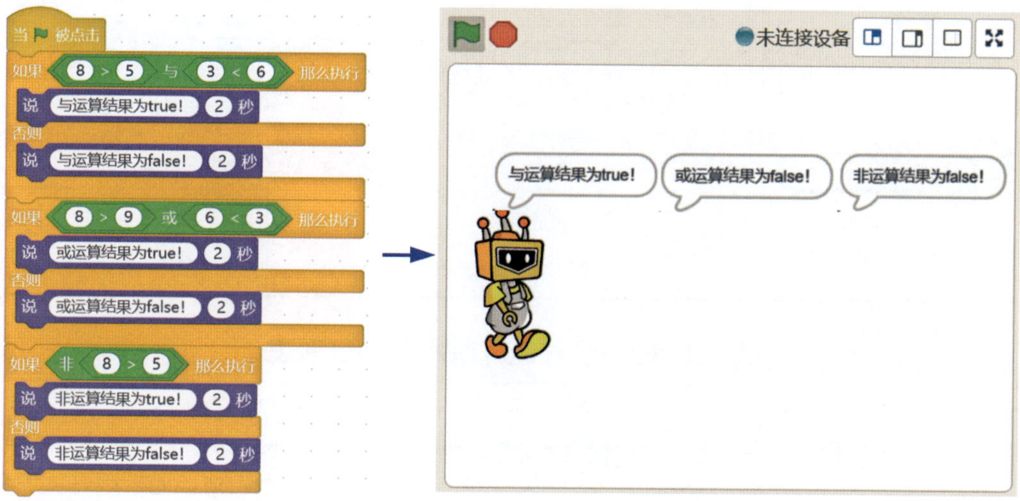

图 10-11　逻辑运算积木的应用

10.6 字符运算

在前面第 10.2 节中，介绍了什么是字符及字符串，在 Mind+ 编程中，有时遇到要连接英文单词组成句子的情况，这就需要字符运算积木。如图 10-12 所示，运算符积木中有 6 个字符运算积木，其具体功能如表 10-16 ~ 表 10-21 所示。

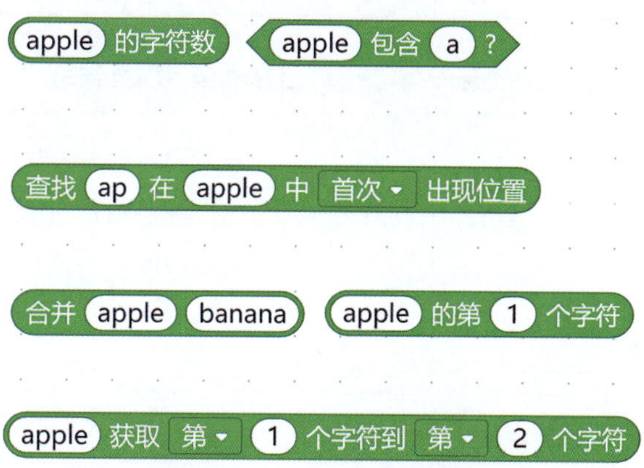

图 10-12　字符运算积木

表 10-16　字符运算积木 1 功能列表

积木	选项	具体功能
合并 apple banana	功能	将两个参数字符串连接在一起，组成一个新字符串，用于椭圆形参数积木和特定参数（椭圆形下拉框）积木
	参数	椭圆形参数，2 个需要拼接的字符串，默认 apple、banana

表 10-17　字符运算积木 2 功能列表

积木	选项	具体功能
apple 的第 1 个字符	功能	获取参数字符串中第几个字符，用于椭圆形参数积木和特定参数（椭圆形下拉框）积木
	字符参数	椭圆形参数，字符串，默认 apple
	位置参数	椭圆形参数，需要获取第几位字符的数字，默认 1。位数从 1 开始，表示第 1 个字符，依次递增。位数超过字符串长度时，返回空

表 10-18　字符运算积木 3 功能列表

积木	选项	具体功能
apple 的字符数	功能	获取参数字符串的字符个数，用于椭圆形参数积木和特定参数（椭圆形下拉框）积木
	参数	椭圆形参数，字符串，默认 apple

表 10-19　字符运算积木 4 功能列表

积木	选项	具体功能
apple 包含 a ?	功能	判断第 1 个参数字符串中是否包含第 2 个参数的字符。若包含（相同字符和顺序），则判断结果为 true；若不包含，则判断结果为 false。用于菱形参数积木中
	字符参数	椭圆形参数，原始字符串和比较字符参数，默认 apple、a

表 10-20　字符运算积木 5 功能列表

积木	选项	具体功能
	功能	获取第 1 个字符串在第 2 个字符串中首次或最后一次出现的位置，用于椭圆形参数积木和特定参数（椭圆形下拉框）积木
	字符参数	椭圆形参数，比较字符串和原始字符串参数，默认 ap、apple
	次序参数	特定参数，下拉框切换参数选项，默认首次。 ① 首次：第 1 个字符串在第 2 个字符串中首次出现的位置。 ② 最后一次：第 1 个字符串在第 2 个字符串中最后一次出现的位置

表 10-21　字符运算积木 6 功能列表

积木	选项	具体功能
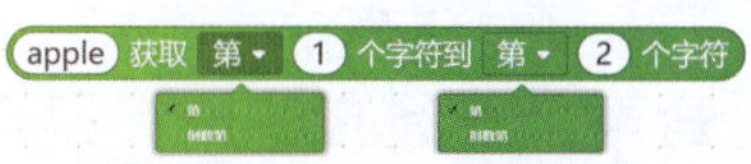	功能	获取字符串中某一段字符串，用于椭圆形参数积木和特定参数（椭圆形下拉框）积木
	字符参数	椭圆形参数，原始字符参数，默认 apple
	次序参数	椭圆形参数，获取一段字符串的头尾序号，默认 1、2
	顺序参数	特定参数，下拉框切换参数选项，默认第（正序）。 ① 第：从原始字符串的头部位置开始向后算第 XX 个字符。 ② 倒数第：从原始字符串的尾部位置开始向前算第 XX 个字符

在 Mind+ 中，可以将多个字符运算积木组合在一起（也就是积木嵌套），组成更长的字符串或者句子。图 10-13 所示为字符运算积木嵌套的应用。

字符运算积木的应用如图 10-14 所示。

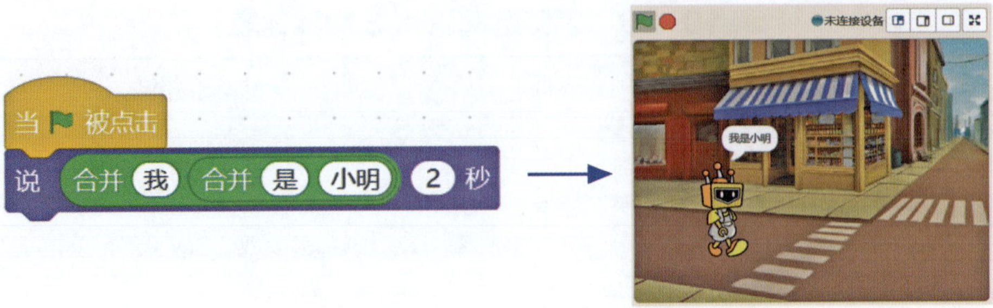

图 10-13　字符运算积木嵌套的应用

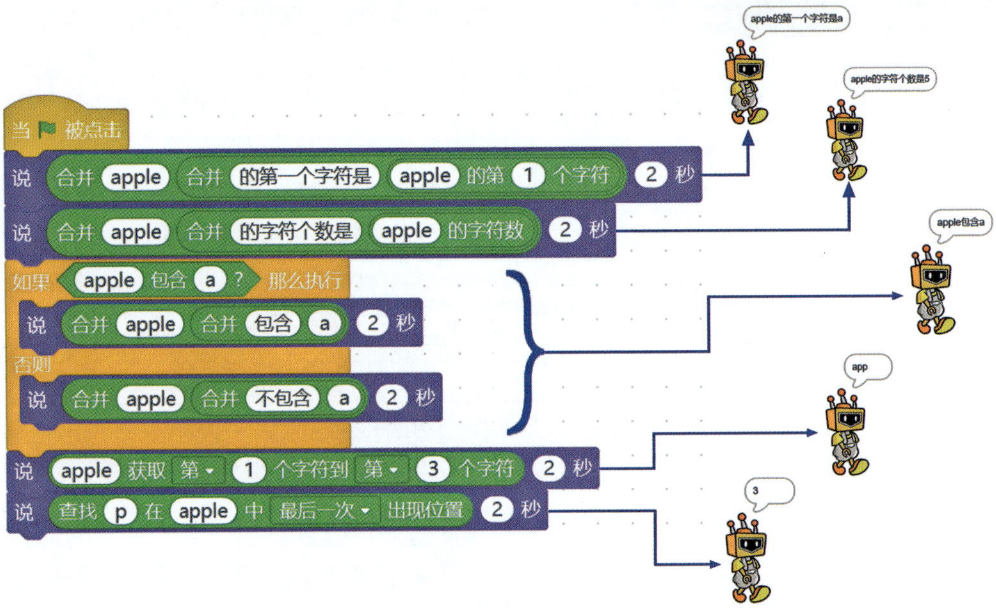

图 10-14　字符运算积木的应用

10.7　项目练习

基于本章内容的学习，我们理解了编程中数据类型的概念，同时掌握了数学运算、比较运算、逻辑运算、字符运算等积木的应用。下面通过“机器人做数学题”练习项目对本章学习情况进行检验。

（1）编程前思考

在开始编程之前，先来思考以下几个问题：

① 该项目有几个舞台背景？分别是什么？

② 该项目有几个声音？分别是什么？

③ 该项目有几个角色？分别是什么？

④ 该项目中舞台需要完成什么？

⑤ 该项目中每个角色都需要完成什么？

带着上面的思考问题，开始分析“机器人做数学题”练习项目。

① 该项目有几个舞台背景？分别是什么？如图 10-15 所示，在本项目中，使用 1 个舞台背景——“Chalkboard”（黑板）。

图 10-15　项目的舞台背景

② 该项目有几个声音？分别是什么？如图 10-16 所示，在本项目中使用到了 Mind+ 自带声音库的“自由”声音。

图 10-16　项目的声音

③ 该项目有几个角色？分别是什么？如图 10-17 所示，在本项目中，存在 2 个角色，分别是：麦的佳、科学家。

④ 该项目中舞台需要完成什么？本项目中舞台需要进行编程，主要完成作品的背景音乐循环播放。

⑤ 该项目中每个角色都需要完成什么？在本项目中，科学家主要完成：

a. 科学家先移动到舞台右侧；

b. 科学家说出加法题，新建广播消息——加法消息，并广播出去；

c. 科学家说出减法题，新建广播消息——减法消息，并广播出去；

d. 科学家说出乘法题，新建广播消息——乘法消息，并广播出去；

e. 科学家说出除法题，新建广播消息——除法消息，并广播出去；

f. 科学家说“全部正确，太棒了”，同时结束程序运行。

图 10-17　项目的角色

麦的佳主要完成：
a. 麦的佳先移动到舞台左侧；
b. 当接收到加法消息，麦的佳计算出结果，并说出结果；
c. 当接收到减法消息，麦的佳计算出结果，并说出结果；
d. 当接收到乘法消息，麦的佳计算出结果，并说出结果；
e. 当接收到除法消息，麦的佳计算出结果，并说出结果。

（2）编程前准备

通过上面的项目思考与分析，在开始拖拽积木编程之前，先做好项目的准备：添加舞台背景、声音和角色。点击“菜单栏”→“项目”→“新建项目”，默认会创建角色——机器人“麦的佳”，该角色为本练习项目中的一个角色。

① 添加舞台背景。如图 10-18 所示，点击“舞台背景编辑区”→“舞台背景添加”→“背景库”→“室内”，在 Mind+ 自带的背景库中选择背景图片——“Chalkboard”。

② 添加声音。如图 10-19 所示，点击“功能区”→“声音”→“添加声音”→“选择一个声音”→“可循环”，在 Mind+ 自带的声音库中选择“自由”声音。

③ 添加角色。如图 10-20 所示，除了默认角色“麦的佳”外，点击“角色编辑区”→“角色添加”→“角色库”→“Mind+”，在 Mind+ 自带的角色库中选择“Mind+ 科学家”这个角色。

图 10-18　添加项目的舞台背景

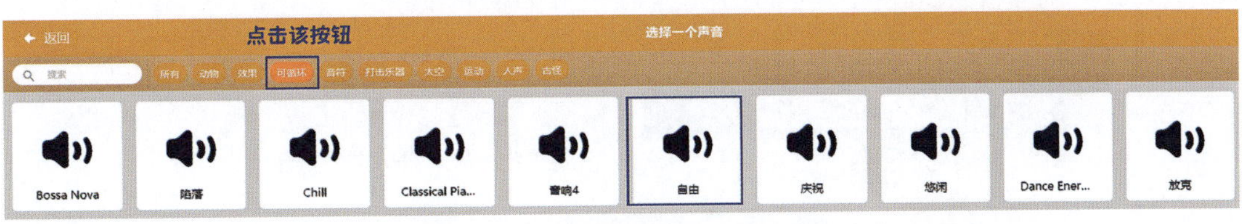

图 10-19　添加项目的声音

图 10-20　添加项目的角色

（3）图形化编程

添加完舞台背景、声音和角色后，开始分别对舞台、角色“科学家”、角色“麦的佳”进行图形化编程。

① 舞台的完整程序如图 10-21 所示。
② 科学家的完整程序如图 10-22 所示。

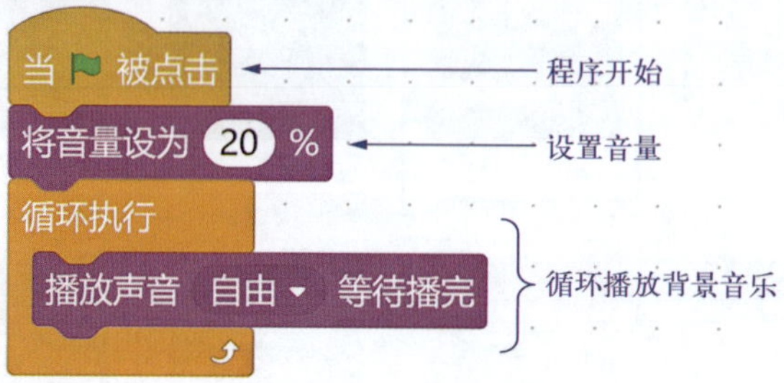

图 10-21　项目中舞台的程序

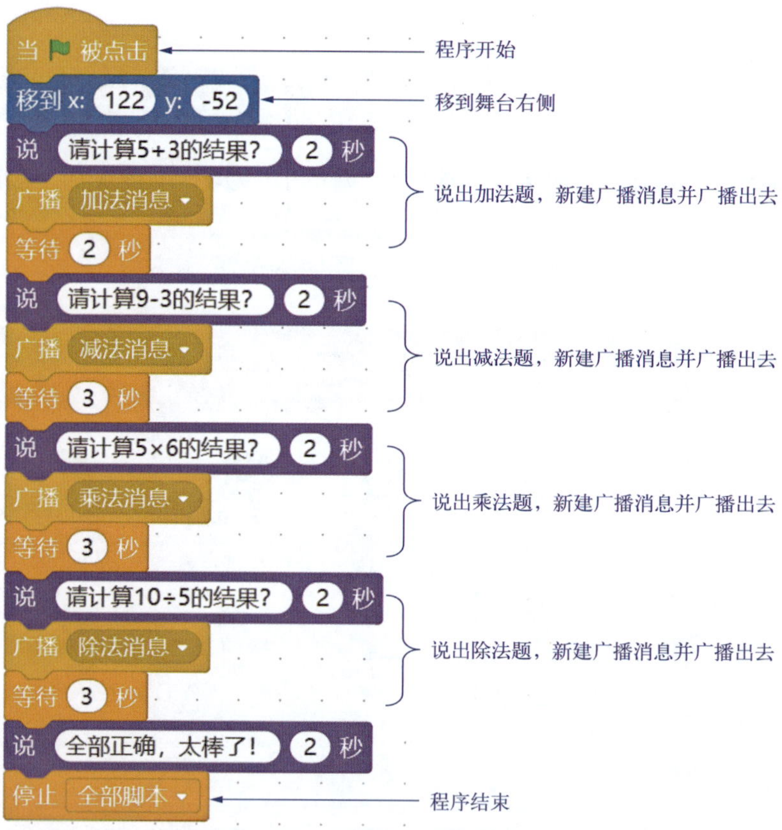

图 10-22　项目中科学家的程序

③ 麦的佳的完整程序如图 10-23 所示。

（4）运行效果

程序编写完成后，点击"🏁"运行，部分效果图如图 10-24 所示。

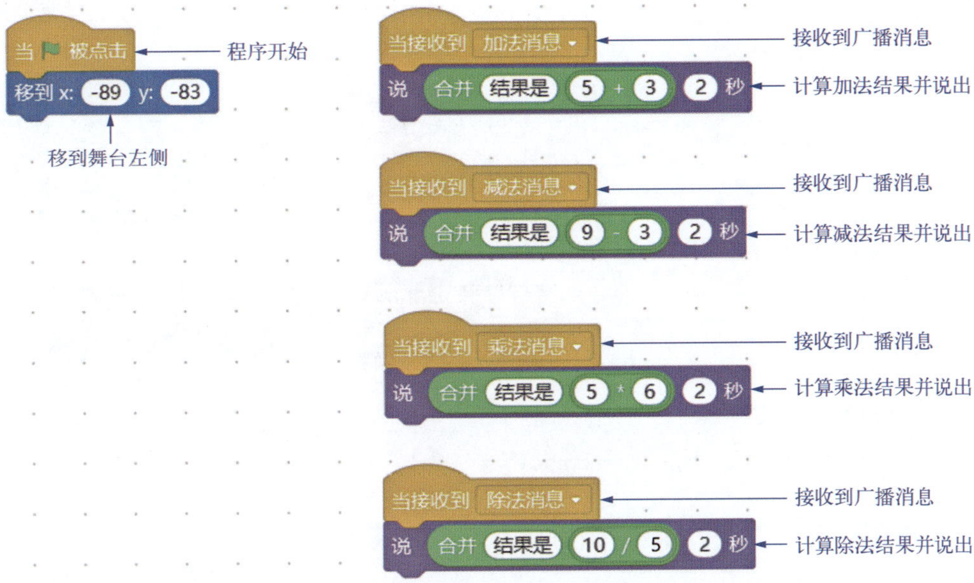

图 10-23　项目中麦的佳的程序

图 10-24　项目运行的部分效果图

运算符积木编程案例演示

第11章

变量积木编程

青少年创意编程与电子制作系列

{CODING}

11.1　变量积木简介

在编程中，经常听到“变量”这个概念，那什么是变量呢？在编程过程中，变量可以看成装有数字或者字符（例如英文字母、中文汉字）的箱子，假如箱子里放着 100 这个数字，那么程序运行过程中，100 可能变成了 88，也有可能变成了 66。所谓变量就是变化的量，变量里装的数字不是固定不变的，而是根据程序的运行不断发生改变的。

将箱子的名字称为变量名，往箱子里装数字或字符的过程，称为设置变量的值。变量的比喻示意如图 11-1 所示，其中，变量名为 *a*，设置 *a* 的值为数字 2。

图 11-1　变量比喻示意图

在 Mind+ 编程中，也有对应的变量概念、变量积木及编程。变量积木主要实现如下功能：

① 自建变量；
② 设置变量；
③ 变量显示和隐藏；
④ 自建列表；
⑤ 设置列表；
⑥ 列表显示和隐藏。

如图 11-2 所示，在 Mind+ 中，选中角色和选中舞台背景时对应的变量积木是一样的，没有区别。

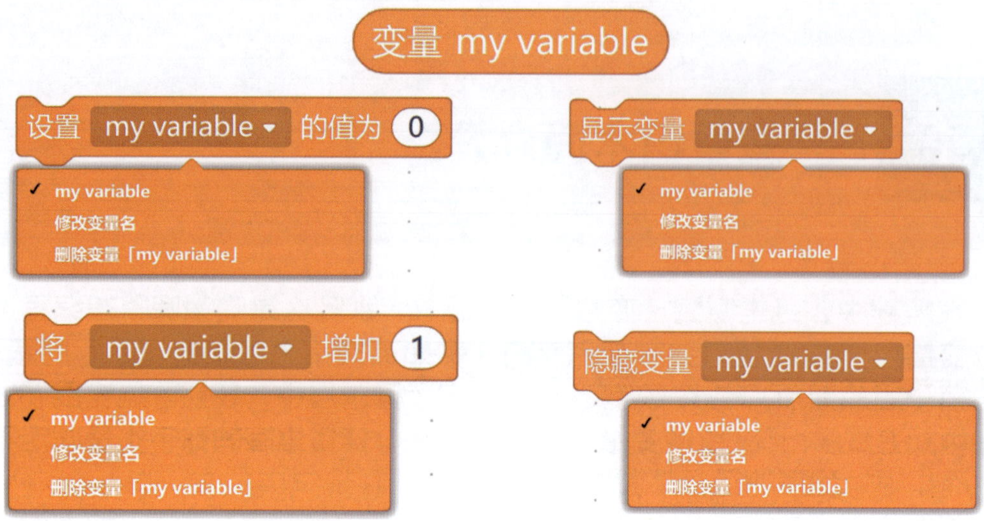

图 11-2　变量积木

11.2 自建变量

如图 11-3 所示，有一类变量积木在之前的学习中总会遇到，它们是 Mind+ 创建好（自带）的变量积木，可以直接拿来使用。但是本节讲述的是编程者如何自己手动创建和使用变量积木。

图 11-3　Mind+ 自带的变量积木

在使用变量进行编程前，需要先手动创建变量，其步骤如下所示。

① 如图 11-4 所示，点击“变量”→“新建变量”。

② 如图 11-5 所示，输入合适的变量名。给变量命名时，可以使用字母、数字等，同时 Mind+ 支持中文命名。通常需要给变量取一个有意义的名字，例如编程实现了 2+3 的和是 5，将 5 放到一个变量里，可以给变量命名“和”。

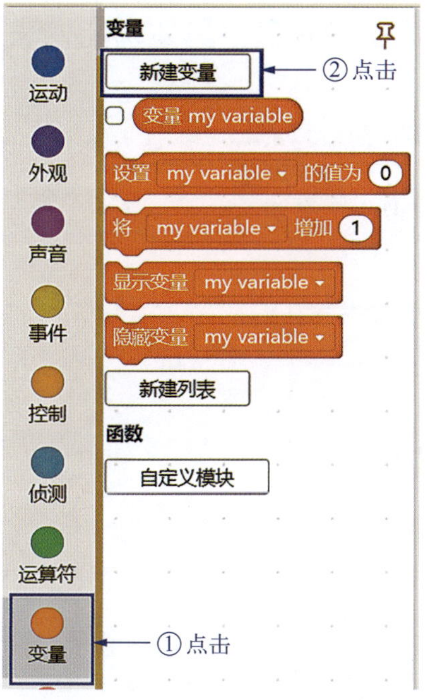

图 11-4　点击“新建变量”

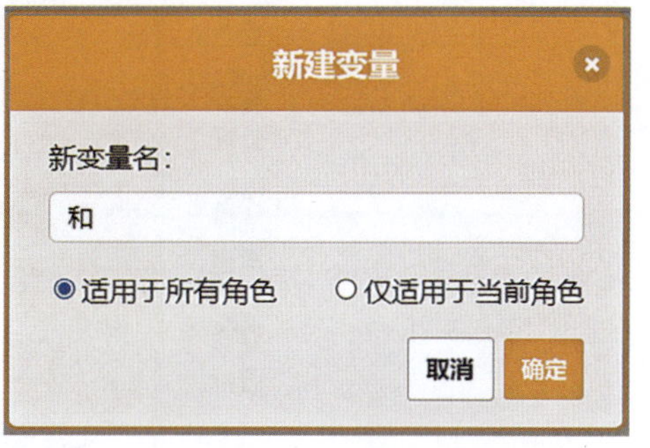

图 11-5　变量命名

如图 11-6 所示，在该界面上还有两个选项，“适用于所有角色”和“仅适用于当前角色”。

a. 当选择“适用于所有角色”时，这种变量叫作全局变量，它是所有角色共用的，任何一个角色都可以获得这个变量值，并且去修改它。

b. 当选择“仅适用于当前角色”时，这种变量叫作局部变量，它只被当前角色拥有，只有当前角色可以获取变量值，并且修改它，其他角色看不见它也不能修改它。

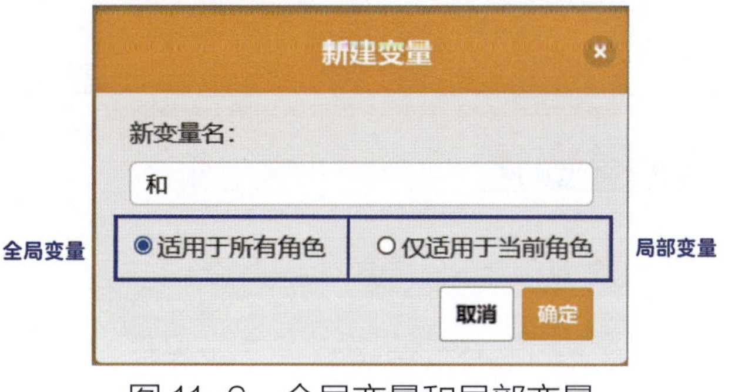

图 11-6　全局变量和局部变量

所以新建变量为全局变量还是局部变量，需要编程者思考这个变量应该属于某个角色还是全部角色。编程过程中通常是自建一个全局变量。

③ 如图 11-7 所示，变量建立好后，会出现在主界面左侧积木区等待被使用，同时变量积木的参数也默认为当前新建的变量。具体功能如表 11-1 所示。

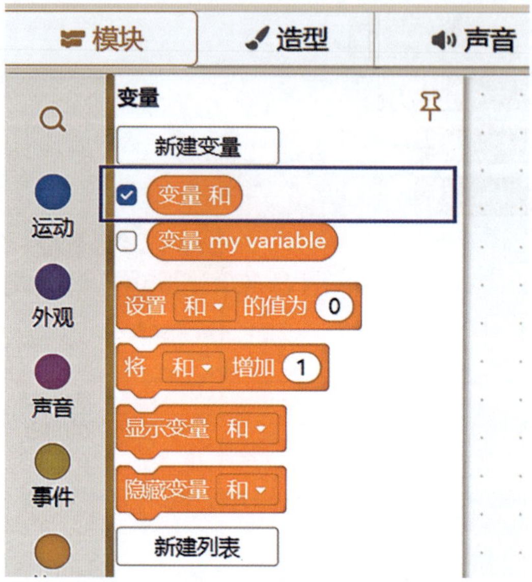

图 11-7　建立好的变量

表 11-1　变量积木功能列表

积木	选项	具体功能
变量 my variable	功能	变量作为椭圆形参数，用于椭圆形参数积木和特定参数（椭圆形下拉框）积木
	参数	无。选中小方框，在舞台上实时显示变量值

11.3　设置变量

变量手动创建好后，主要用于存放数据（叫作变量的值），数据的类型包括数字、字符串等，编程过程中通常自建变量用于存放数字。可以对变量的值进行设置和修改，图 11-8 所示为设置变量积木，其具体功能如表 11-2 和表 11-3 所示。

图 11-8　设置变量积木

表 11-2　设置变量积木 1 功能列表

积木	选项	具体功能
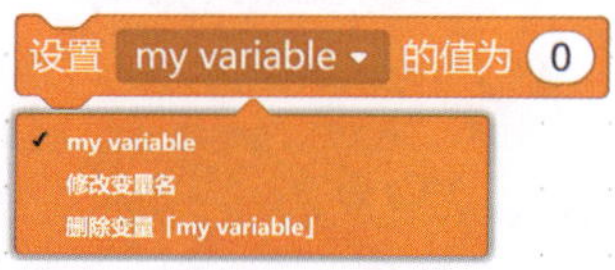	功能	设置所选变量的数值、修改变量名、删除所选变量
	名称参数	特定参数，下拉框切换参数选项，添加变量后，选项会增加变量名称。默认 my variable。 ① my variable：所选变量的名称（默认 my variable）。 ② 修改变量名：修改所有与选中变量同名的变量名。 ③ 删除变量：删除所有与选中变量同名的变量，删除后，编程区会删除对应的变量积木
	数值参数	椭圆形参数，需要设置的变量值，默认 0

表 11-3　设置变量积木 2 功能列表

积木	选项	具体功能
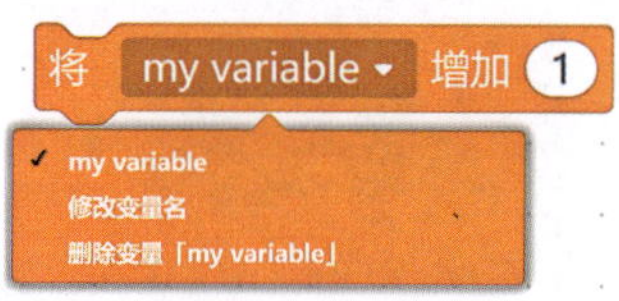	功能	增大或减小所选变量的数值、修改变量名、删除所选变量
	名称参数	特定参数，下拉框切换参数选项，添加变量后，选项会增加变量名称。默认 my variable。 ① my variable：所选变量的名称（默认 my variable）。

续表

积木	选项	具体功能
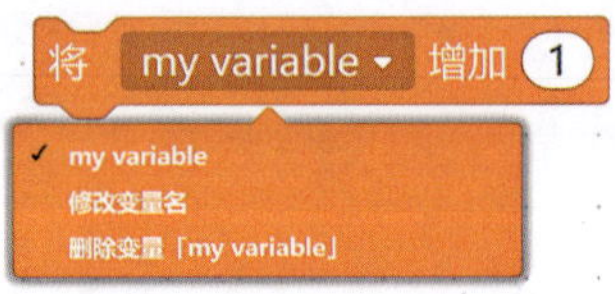	名称参数	② 修改变量名：修改所有与选中变量同名的变量名。 ③ 删除变量：删除所有与选中变量同名的变量，删除后，编程区会删除对应的变量积木
	数值参数	椭圆形参数，需要增大或者减小（负数）的数值，默认 1

通过积木中的下拉框修改变量名的操作如图 11-9 所示。注意：修改后，所有的同名变量都被修改了。

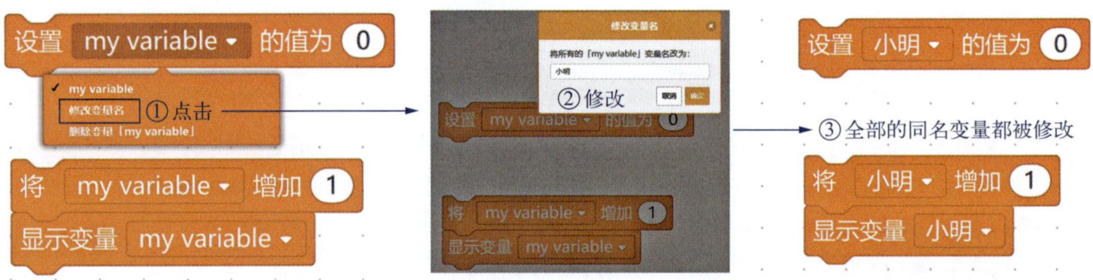

图 11-9　积木下拉框修改变量名操作

通过积木中的下拉框删除变量的操作如图 11-10 所示。注意：删除后，所有的同名变量都被删除了。

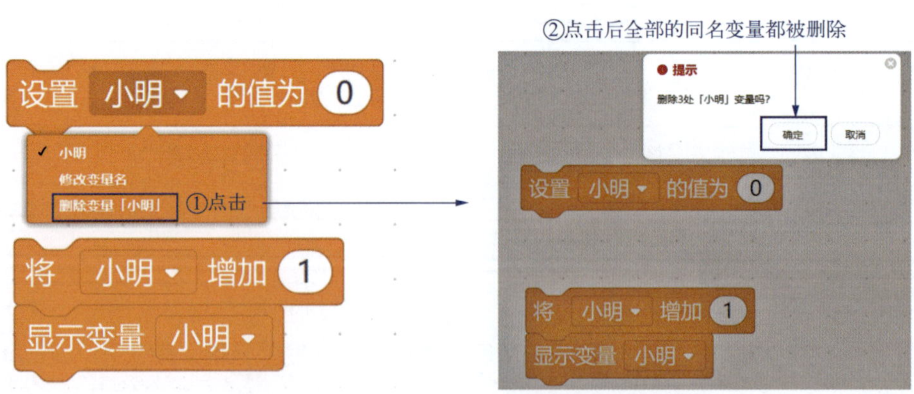

图 11-10　积木下拉框删除变量操作

设置变量积木的具体应用如图 11-11 所示。

图 11-11　设置变量积木的应用

11.4　显示和隐藏变量

通过前面章节的学习，可以手动勾选或取消勾选变量前面的小方框，实现在舞台上显示和隐藏变量。Mind+ 中还可以通过积木自动实现变量的显示和隐藏，图 11-12 所示为显示和隐藏变量积木，其具体功能如表 11-4 和表 11-5 所示。

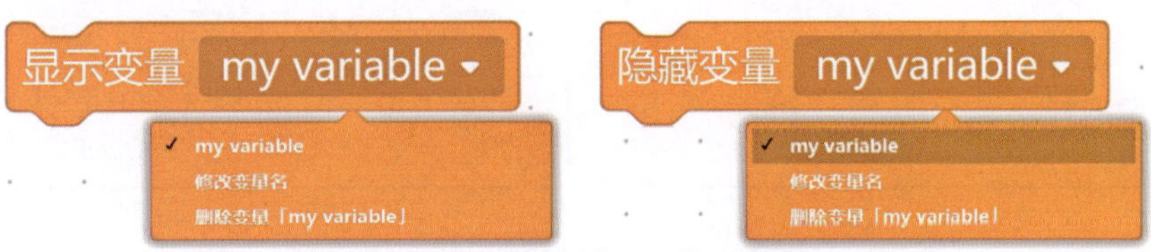

图 11-12　显示和隐藏变量积木

表 11-4　显示和隐藏变量积木 1 功能列表

积木	选项	具体功能
	功能	在舞台中显示所选变量、修改变量名、删除所选变量
	名称参数	特定参数，下拉框切换参数选项，添加变量后，选项会增加变量名称。默认 my variable。

续表

积木	选项	具体功能
	名称参数	① my variable：所选变量的名称（默认 my variable）。 ② 修改变量名：修改所有与选中变量同名的变量名。 ③ 删除变量：删除所有与选中变量同名的变量，删除后，编程区会删除对应的变量积木

表 11-5　显示和隐藏变量积木 2 功能列表

积木	选项	具体功能
	功能	在舞台中隐藏所选变量、修改变量名、删除所选变量
	名称参数	特定参数，下拉框切换参数选项，添加变量后，选项会增加变量名称。默认 my variable。 ① my variable：所选变量的名称（默认 my variable）。 ② 修改变量名：修改所有与选中变量同名的变量名。 ③ 删除变量：删除所有与选中变量同名的变量，删除后，编程区会删除对应的变量积木

图 11-13 所示为显示和隐藏变量积木的应用，变量若是全局变量，显示形式是“变量名称 + 变量值”；若是局部变量，显示形式是“角色名称 + 变量名称 + 变量值”。注意二者的显示区别。

如图 11-14 所示，变量在舞台上有三种显示方式，分别是“正常显示”“大字显示”和“滑杆”。当点击鼠标右键或者双击该变量时，可进行显示方式的切换。

如图 11-15 所示，若变量显示切换到滑杆方式，当点击鼠标右键时可以设置滑杆的滑块范围，这样就可以修改对应变量的变化范围，比如成绩、游戏难度等的变化范围。

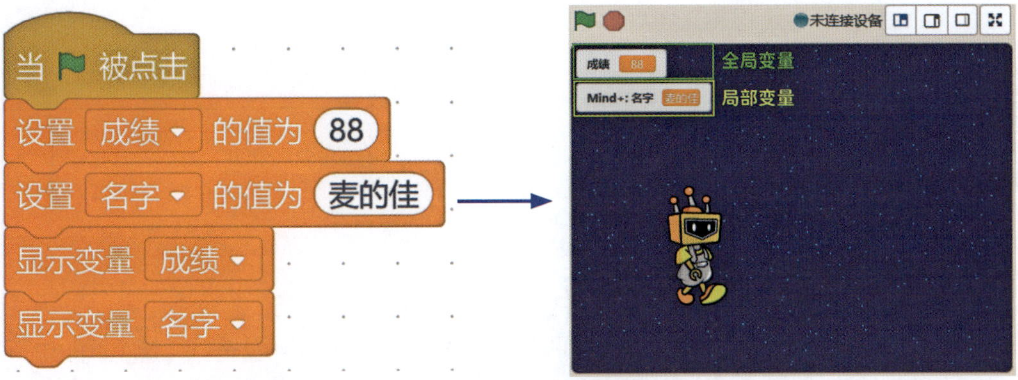

图 11-13　显示和隐藏变量积木的应用

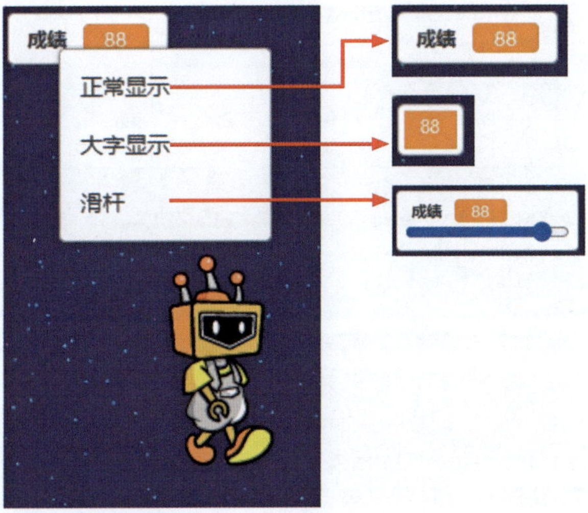

图 11-14　变量显示方式

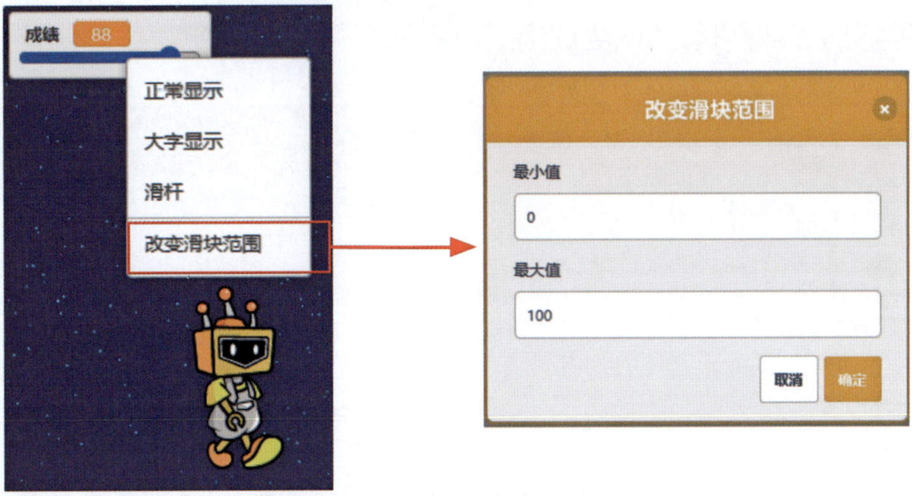

图 11-15　改变滑块范围的操作

11.5 自建列表

如图 11-16 所示，日常生活中，用 1 个小盒子存放 1 个东西（例如 1 个苹果），用购物车存放多个东西（例如 1 个面包、1 个西瓜等）。通过前面的学习，已经知道变量就类似于小盒子，只能存放一个数据。若编程过程中，需要存放很多数据，那么用什么呢？ Mind+ 中已经安排好了，可以使用类似购物车的积木——列表。列表是一种特殊的变量，可以存放多个数据。

图 11-16　列表与变量的区别

在使用列表进行编程前，也需要先手动创建列表，其步骤如下所示。

① 如图 11-17 所示，点击“变量”→“新建列表”。

② 如图 11-18 所示，输入合适的列表名。给列表命名时，可以用字母、数字等，同时 Mind+ 支持中文命名。通常需要给列表取一个有意义的名字，例如使用列表存储班级的学生成绩，可给列表命名“成绩”。

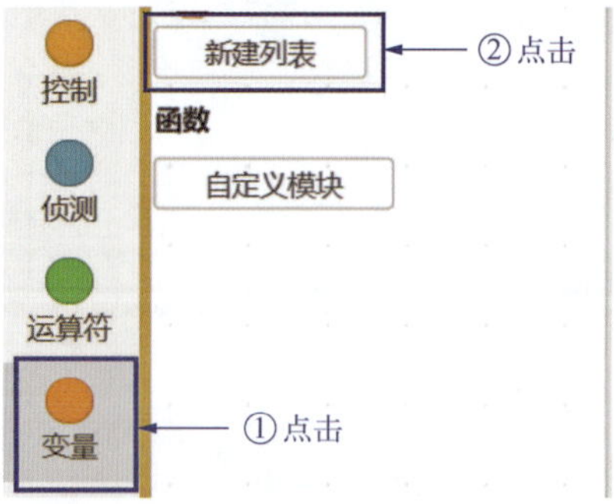

图 11-17　点击“新建列表”

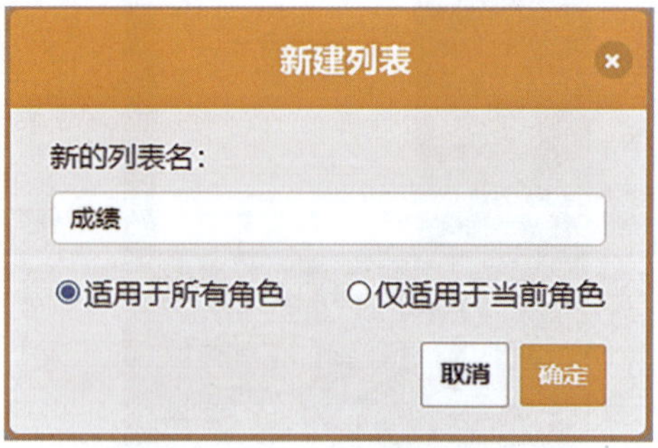

图 11-18　列表命名

如图 11-19 所示，同自建变量界面一样，在该界面上也有两个选项：“适用于所有角色”和“仅适用于当前角色”。

a. 当选择“适用于所有角色”时，这种列表叫作全局列表，它是所有角色共用的，任何一个角色都可以获得这个列表的值，并且去修改它。

b. 当选择“仅适用于当前角色”时，这种列表叫作局部列表，它只被当前角色拥有，只有当前角色可以获取列表值，并且修改它，其他角色看不见它也不能修改它。

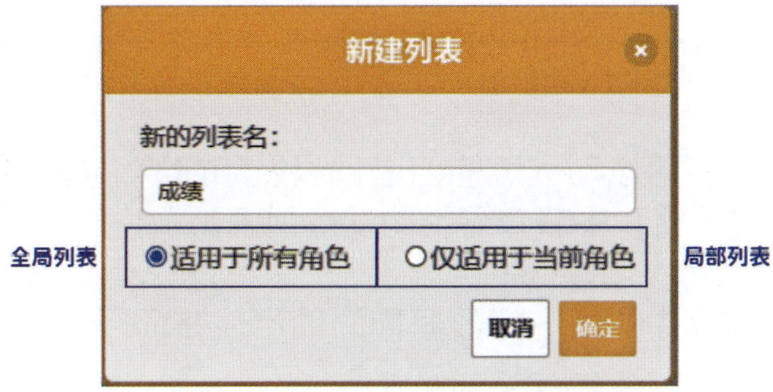

图 11-19 全局列表和局部列表

所以新建列表为全局列表还是局部列表，需要编程者思考这个列表应该属于某个角色还是全部角色。编程过程中通常是自建一个全局列表。

③ 如图 11-20 所示，列表建立好后，会出现在主界面左侧积木区等待

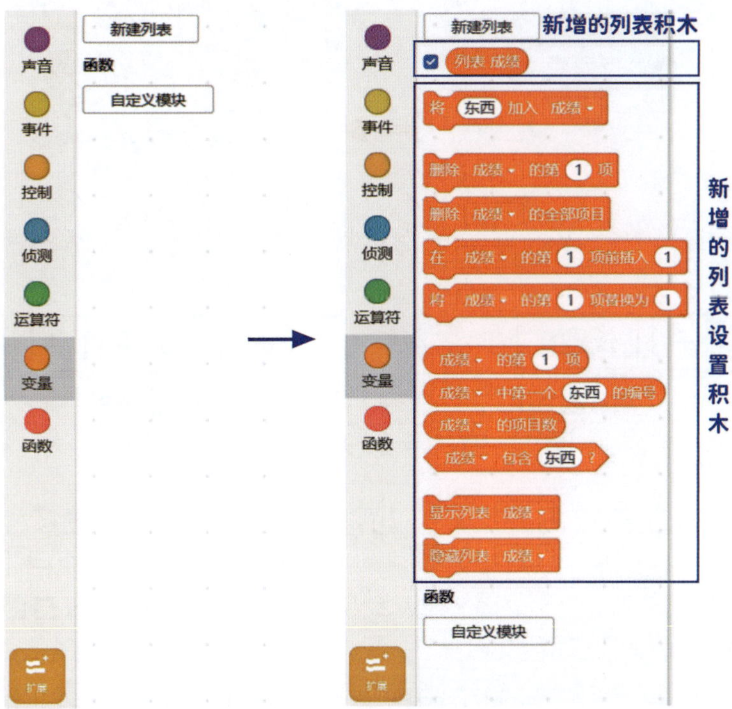

图 11-20 建立好的列表与新增积木

被使用，同时出现 11 个列表设置积木，列表设置积木的参数也默认为当前新建的列表。

11.6 手动设置列表

列表创建好后，可以对列表的值进行设置和修改。设置列表分为手动设置和积木编程自动设置，本节介绍手动设置列表。

如图 11-21 所示，创建好的列表是一个空列表，可以在舞台上对列表进行各种设置。列表框中的每一行数据称为项目，在项目左侧有从 1 开始增加的数字，叫作项目编号。

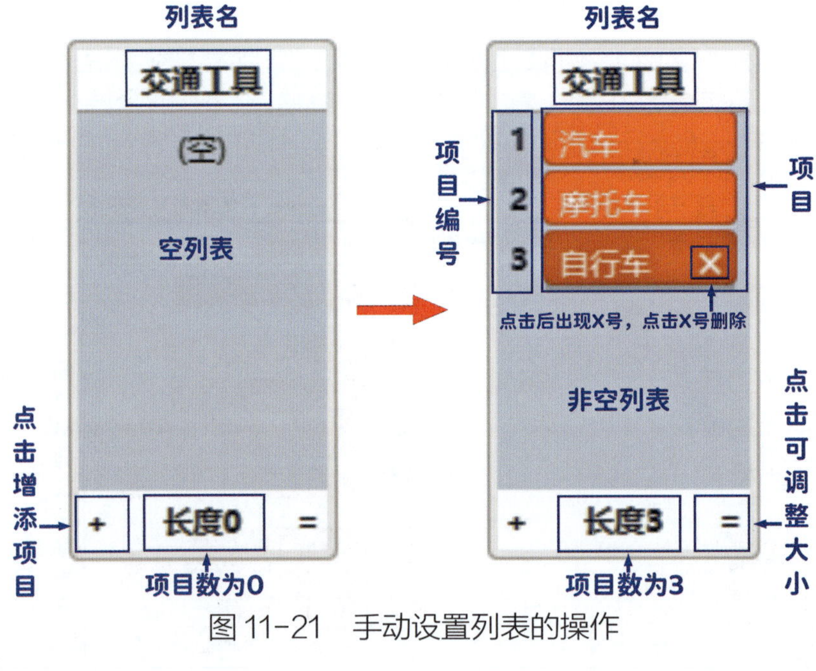

图 11-21　手动设置列表的操作

点击列表框底部左侧的“+”，可添加项目，若需要继续添加项目，在输入完当前项目数据后，点击回车键，会自动生成下一个项目框。双击某个项目，可以对其内容进行设置修改。双击之后，在项目的右侧会出现叉号（×），点击叉号可删除项目。

在列表框底部中间，会显示当前项目总数，也称为长度。鼠标按住列表框底部右侧的“=”，可拖拽鼠标调整列表框大小。

11.7　自动设置列表

新建列表后，如图 11-22 所示，自动设置列表主要有 3 种类型积木：添加列表项目积木（1 个）、删除列表项目积木（2 个）、修改列表项目积木（2 个）。具体功能如表 11-6 ~ 表 11-10 所示。

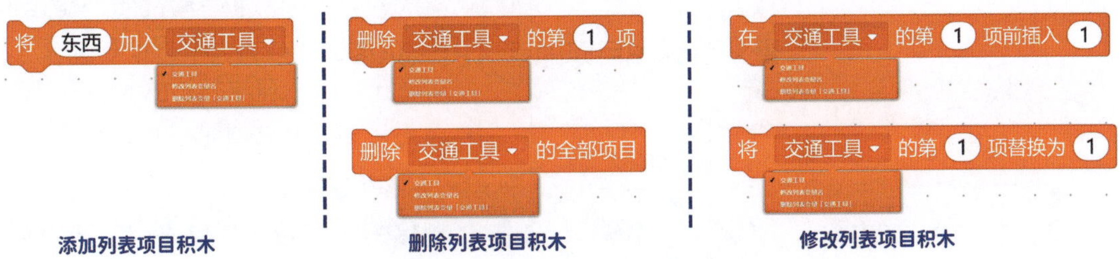

图 11-22　自动设置列表

（1）添加列表项目积木

表 11-6　添加列表项目积木功能列表

积木	选项	具体功能
	功能	将参数的数据添加到列表尾部、修改列表名、删除所选列表。删除后，在代码区会清除所选列表积木
	数据参数	椭圆形参数，需要添加到列表的数据（数字、字符串等类型）
	列表参数	特定参数，下拉框切换参数选项，添加列表后，选项会增加列表名。默认列表名。 ① 列表名：所选列表的名称。 ② 修改列表变量名：修改所有与选中列表同名的列表名。 ③ 删除列表变量：删除所有与选中列表同名的列表，删除后，编程区会删除对应的列表积木

积木下拉框中的“修改列表变量名”和“删除列表变量”的操作过程与第 11.3 节中的图 11-9 和图 11-10 类似，这里不再详细叙述。

（2）删除列表项目积木

表 11-7　删除列表项目积木 1 功能列表

积木	选项	具体功能
	功能	删除列表中对应项目编号的数据、修改列表名、删除所选列表。删除后，在代码区会清除所选列表积木
	列表参数	特定参数，下拉框切换参数选项，添加列表后，选项会增加列表名。默认列表名。 ① 列表名：所选列表的名称。 ② 修改列表变量名：修改所有与选中列表同名的列表名。 ③ 删除列表变量：删除所有与选中列表同名的列表，删除后，编程区会删除对应的列表积木
	数值参数	椭圆形参数，需要设置的列表项目编号，默认 1

表 11-8　删除列表项目积木 2 功能列表

积木	选项	具体功能
	功能	删除所选列表的全部项目数据、修改列表名、删除所选列表。删除后，在代码区会清除所选列表积木
	列表参数	特定参数，下拉框切换参数选项，添加列表后，选项会增加列表名。默认列表名。 ① 列表名：所选列表的名称。 ② 修改列表变量名：修改所有与选中列表同名的列表名。 ③ 删除列表变量：删除所有与选中列表同名的列表，删除后，编程区会删除对应的列表积木

（3）修改列表项目积木

表 11-9　修改列表项目积木 1 功能列表

积木	选项	具体功能
	功能	将参数数据添加到参数编号对应的项目的前面、修改列表名、删除所选列表。删除后，在代码区会清除所选列表积木
	列表参数	特定参数，下拉框切换参数选项，添加列表后，选项会增加列表名。默认列表名。 ① 列表名：所选列表的名称。 ② 修改列表变量名：修改所有与选中列表同名的列表名。 ③ 删除列表变量：删除所有与选中列表同名的列表，删除后，编程区会删除对应的列表积木
	编号参数	椭圆形参数，被插队的列表项目编号，默认 1
	数值参数	椭圆形参数，待插队的数据（数字、字符串等类型）

表 11-10　修改列表项目积木 2 功能列表

积木	选项	具体功能
	功能	将参数数据替换参数编号对应项目原有的数据、修改列表名、删除所选列表。删除后，在代码区会清除所选列表积木
	列表参数	特定参数，下拉框切换参数选项，添加列表后，选项会增加列表名。默认列表名。 ① 列表名：所选列表的名称。 ② 修改列表变量名：修改所有与选中列表同名的列表名。 ③ 删除列表变量：删除所有与选中列表同名的列表，删除后，编程区会删除对应的列表积木
	编号参数	椭圆形参数，被替换的列表项目编号，默认 1
	数值参数	椭圆形参数，待替换的数据（数字、字符串等类型）

列表设置积木的具体应用如图 11-23 所示。

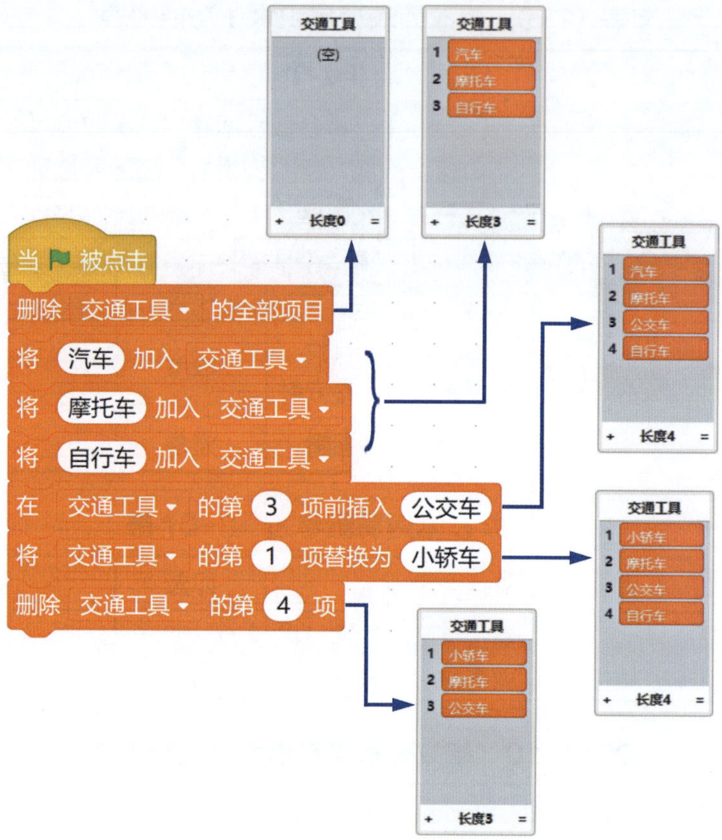

图 11-23　列表设置积木的应用

11.8 侦测列表项目

如图 11-24 所示，在列表积木中，有一个侦测类型的积木用于判断列表中是否含有指定项目，主要作为条件用于侦测。该积木具体功能如表 11-11 所示。

图 11-24　侦测列表项目积木

表 11-11　侦测列表项目积木功能列表

积木	选项	具体功能
	功能	判断所选列表中是否包含参数数据（如果包含，获得结果 true，如果不包含，获得结果 false）、修改列表名、删除所选列表。该积木主要用于菱形参数积木中
	列表参数	特定参数，下拉框切换参数选项，添加列表后，选项会增加列表名。默认列表名。 ① 列表名：所选列表的名称。 ② 修改列表变量名：修改所有与选中列表同名的列表名。 ③ 删除列表变量：删除所有与选中列表同名的列表，删除后，编程区会删除对应的列表积木
	数值参数	椭圆形参数，需比对的数据（数字、字符串等类型）

侦测列表项目积木的具体应用如图 11-25 所示。

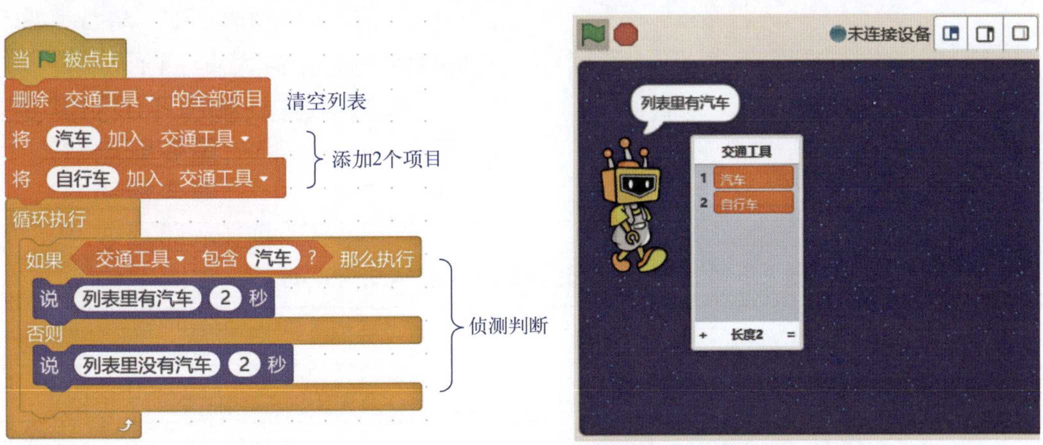

图 11-25　侦测列表项目积木的应用

11.9 显示和隐藏列表

同变量的显示隐藏类似，可以手动勾选或取消勾选列表前面的小方框，实现在舞台上显示和隐藏列表。还可以通过积木自动实现列表的显示和隐藏，图 11-26 所示为显示和隐藏列表积木，其具体功能如表 11-12 和表 11-13 所示。

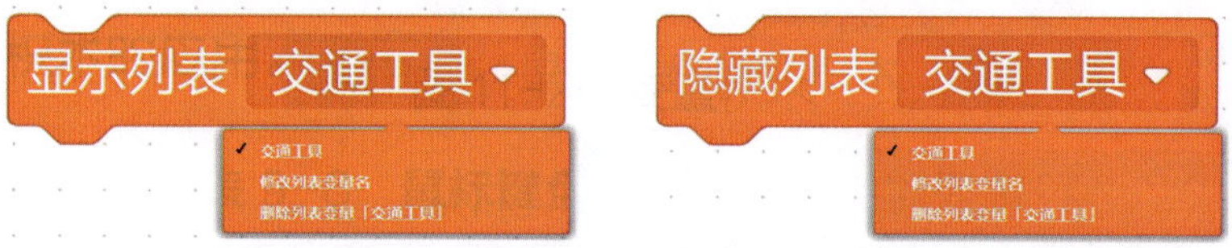

图 11-26　显示和隐藏列表积木

表 11-12　显示和隐藏列表积木 1 功能列表

积木	选项	具体功能
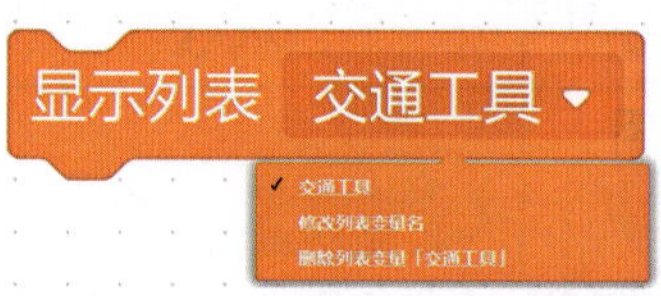	功能	在舞台中显示所选列表、修改列表名、删除所选列表
	名称参数	特定参数，下拉框切换参数选项，添加列表后，选项会增加列表名。默认列表名。 ① 列表名：所选列表的名称。 ② 修改列表变量名：修改所有与选中列表同名的列表名。 ③ 删除列表变量：删除所有与选中列表同名的列表，删除后，编程区会删除对应的列表积木

表 11-13　显示和隐藏列表积木 2 功能列表

积木	选项	具体功能
	功能	在舞台中隐藏所选列表、修改列表名、删除所选列表

续表

积木	选项	具体功能
	名称参数	特定参数，下拉框切换参数选项，添加列表后，选项会增加列表名。默认列表名。 ① 列表名：所选列表的名称。 ② 修改列表变量名：修改所有与选中列表同名的列表名。 ③ 删除列表变量：删除所有与选中列表同名的列表，删除后，编程区会删除对应的列表积木

图 11-27 所示为显示和隐藏列表积木的应用。与变量类似，列表若是全局列表，显示形式是“列表名 + 项目”；若是局部列表，显示形式是“角色名称 + 列表名 + 项目”。注意二者的显示区别。

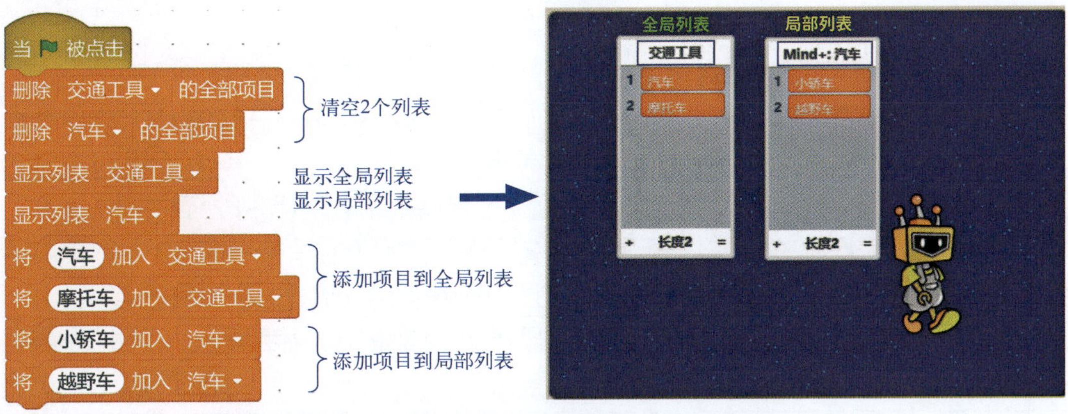

图 11-27　显示和隐藏列表积木的应用

11.10　软件自带变量

如图 11-28 所示，在变量积木分类中，当列表创建好后，会新增一些 Mind+ 自带的变量积木，这些变量积木的具体功能如表 11-14 ~ 表 11-16 所示。

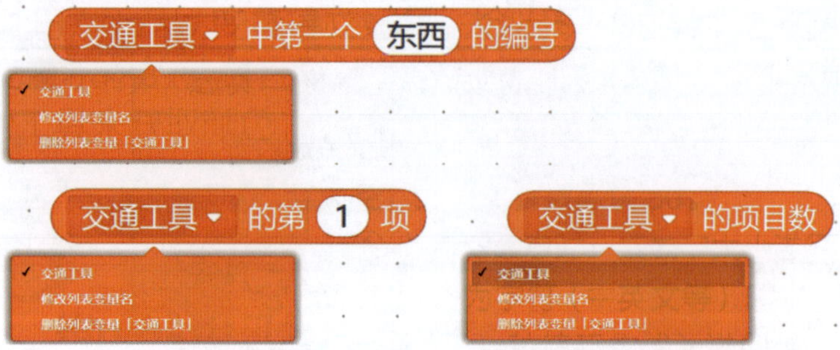

图 11-28　软件自带变量积木

表 11-14　软件自带变量积木 1 功能列表

积木	选项	具体功能
	功能	通过项目编号获得列表中对应位置的数据（编号为负数、0、超出最大项目编号时获得数据为空）、修改列表名、删除所选列表
	列表参数	特定参数，下拉框切换参数选项，添加列表后，选项会增加列表名。默认列表名。 ① 列表名：所选列表的名称。 ② 修改列表变量名：修改所有与选中列表同名的列表名。 ③ 删除列表变量：删除所有与选中列表同名的列表，删除后，编程区会删除对应的列表积木
	编号参数	椭圆形参数，需要获得的列表项目编号，默认 1

表 11-15　软件自带变量积木 2 功能列表

积木	选项	具体功能
	功能	通过项目数据获得列表中对应项目第一次出现的编号（项目数据不存在于列表时获得编号为 0）、修改列表名、删除所选列表
	列表参数	特定参数，下拉框切换参数选项，添加列表后，选项会增加列表名。默认列表名。 ① 列表名：所选列表的名称。 ② 修改列表变量名：修改所有与选中列表同名的列表名。

续表

积木	选项	具体功能
	列表参数	③ 删除列表变量：删除所有与选中列表同名的列表，删除后，编程区会删除对应的列表积木
	数据参数	椭圆形参数，需要依据的列表项目数据（数字、字符串等类型），默认“东西”

表 11-16　软件自带变量积木 3 功能列表

积木	选项	具体功能
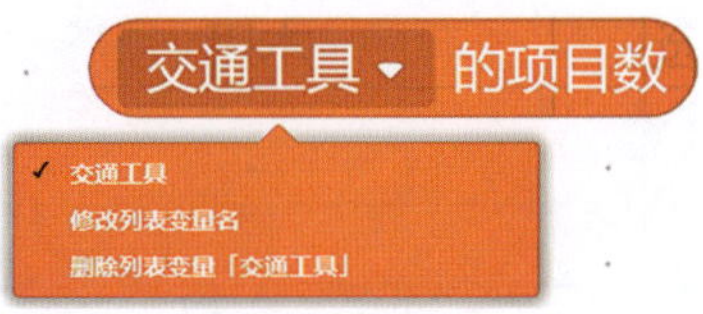	功能	获得所选列表中项目的总数（列表为空时获得总数为 0）、修改列表名、删除所选列表
	名称参数	特定参数，下拉框切换参数选项，添加列表后，选项会增加列表名。默认列表名。 ① 列表名：所选列表的名称。 ② 修改列表变量名：修改所有与选中列表同名的列表名。 ③ 删除列表变量：删除所有与选中列表同名的列表，删除后，编程区会删除对应的列表积木

图 11-29 所示为 Mind+ 自带的列表变量积木的应用。

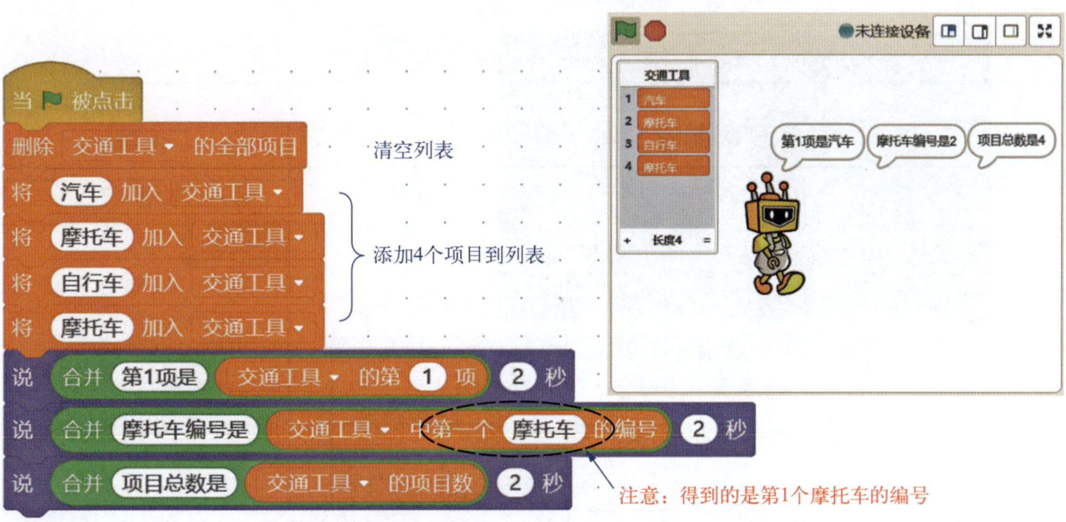

图 11-29　软件自带变量积木的应用

11.11 项目练习

基于本章内容的学习，我们理解了编程中变量和列表的概念，同时掌握了自建变量（列表）、设置变量（列表）、显示和隐藏变量（列表）等积木的应用，最后学习了变量积木分类中 Mind+ 自带的变量积木。下面通过“星际交通工具选择的投票”练习项目对本章学习情况进行检验。

（1）编程前思考

在开始编程之前，先来思考以下几个问题：

① 该项目有几个舞台背景？分别是什么？

② 该项目有几个声音？分别是什么？

③ 该项目有几个角色？分别是什么？

④ 该项目中舞台需要完成什么？

⑤ 该项目中每个角色都需要完成什么？

带着上面的思考问题，开始分析“星际交通工具选择的投票”练习项目。

① 该项目有几个舞台背景？分别是什么？如图 11-30 所示，在本项目中，使用 1 个舞台背景——“月球 -1”。

② 该项目有几个声音？分别是什么？如图 11-31 所示，在本项目中使用到了 Mind+ 自带声音库的“自由”声音。

图 11-30　项目的舞台背景

图 11-31　项目的声音

③ 该项目有几个角色？分别是什么？如图 11-32 所示，在本项目中，存在四个角色，分别是：小飞船 1（简称为飞船）、航天飞机、蓝色进度条、

蓝色进度条 2。

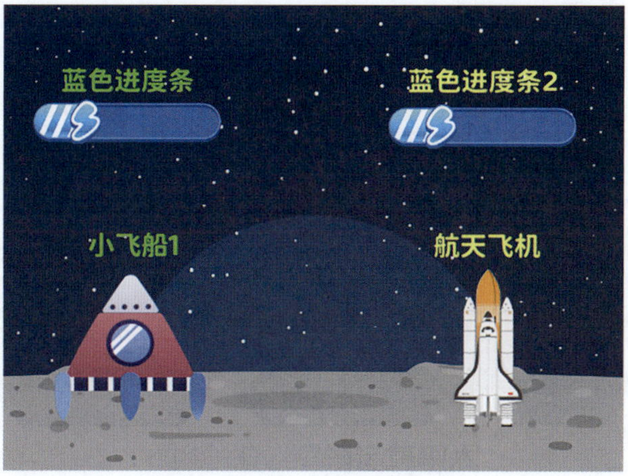

图 11-32　项目的角色

④ 该项目中舞台需要完成什么？本项目中舞台需要进行编程，主要完成作品的背景音乐循环播放。

⑤ 该项目中每个角色都需要完成什么？在本项目中，主要任务是选择飞船或航天飞机作为星际交通工具。

飞船主要完成：

a. 飞船先设置大小和特效，然后移动到舞台左侧；

b. 建立全局变量“飞船票数”，在飞船编程中设置初始值为 0；

c. 新建广播消息——使用飞船消息，当鼠标点击飞船时，广播该消息；

d. 同时将变量“飞船票数”的值增加 1。

航天飞机主要完成：

a. 航天飞机先设置大小，然后移动到舞台右侧；

b. 建立全局变量“航天飞机票数”，在航天飞机编程中设置初始值为 0；

c. 新建广播消息——使用航天飞机消息，当鼠标点击航天飞机时，广播该消息；

d. 同时将变量“航天飞机票数”的值增加 1。

蓝色进度条，用于模拟飞船的投票数增加效果，主要完成：

a. 先设置造型，然后移动到舞台左侧；

b. 当接收到使用飞船消息时，改变造型，模拟进度条增加。

蓝色进度条 2，用于模拟航天飞机的投票数增加效果，主要完成：

a. 先设置造型，然后移动到舞台右侧；

b. 当接收到使用航天飞机消息时，改变造型，模拟进度条增加。

（2）编程前准备

通过上面的项目思考与分析，在开始拖拽积木编程之前，先做好项目的准备：添加舞台背景、声音和角色。点击“菜单栏”→“项目”→“新建项目”，默认会创建角色——机器人“麦的佳”，由于本练习项目使用的是其他角色，因此要删除默认的机器人“麦的佳”。

① 添加舞台背景。如图 11-33 所示，点击“舞台背景编辑区”→“舞台背景添加”→“背景库”→“太空”，在 Mind+ 自带的背景库中选择背景图片——“月球 -1”。

图 11-33　添加项目的舞台背景

② 添加声音。如图 11-34 所示，点击“功能区”→“声音”→“添加声音”→“选择一个声音”→“可循环”，在 Mind+ 自带的声音库中选择“自由”声音。

图 11-34　添加项目的声音

③ 添加角色。如图 11-35 所示，点击“角色编辑区”→“角色添加”→“角色库”→“交通”，在 Mind+ 自带的角色库中选择“航天飞机”这个角色。如图 11-36 所示，多次点击“角色编辑区”→“角色添加”→“角色库”→“游戏组件”，选择“小飞船 1”、“蓝色进度条”等角色。由于需要 2

个“蓝色进度条”角色，因此第 2 次添加“蓝色进度条”也可以根据前面第 2.4 节中图 2-10 所示，通过复制第 1 个“蓝色进度条”这个角色得到。

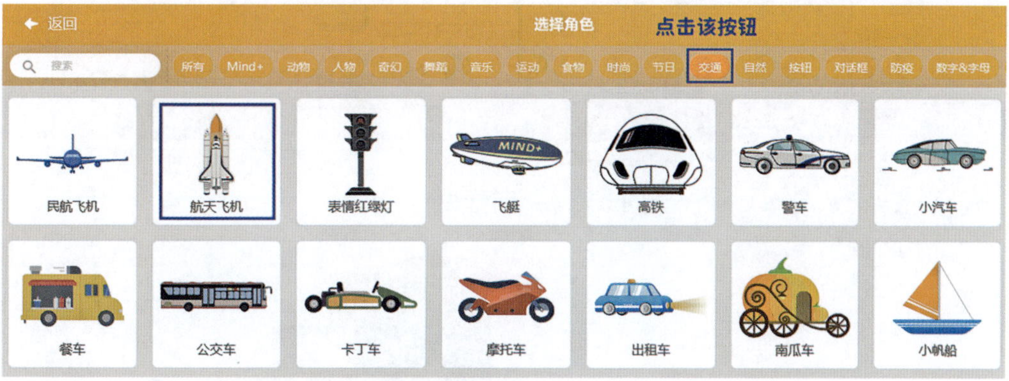

图 11-35　添加项目的角色——航天飞机

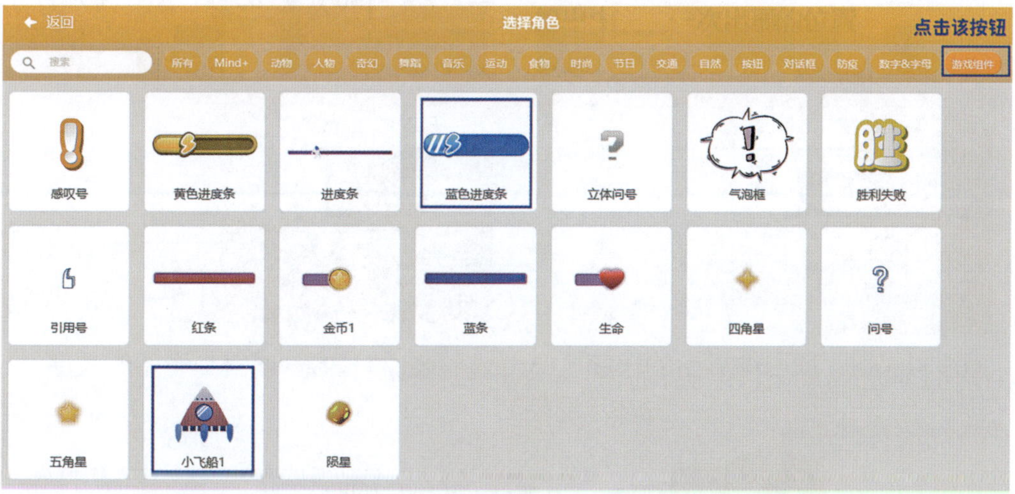

图 11-36　添加项目的角色——飞船和蓝色进度条

（3）图形化编程

添加完舞台背景、声音和角色后，开始分别对舞台、角色“飞船”、角色“航天飞机”、角色“蓝色进度条”、角色“蓝色进度条 2”进行图形化编程。编程前，根据项目分析，需要自建两个变量，用于存放选择飞船的票数和选择航天飞机的票数，自建全局变量如图 11-37 所示。

① 舞台的完整程序如图 11-38 所示。

② 飞船的完整程序如图 11-39 所示。

③ 航天飞机的完整程序如图 11-40 所示。

④ 蓝色进度条的完整程序如图 11-41 所示。

⑤ 蓝色进度条 2 的完整程序如图 11-42 所示。

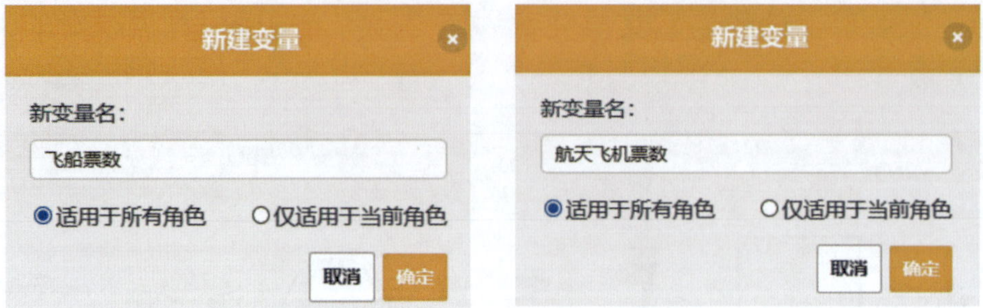

图 11-37　自建两个变量

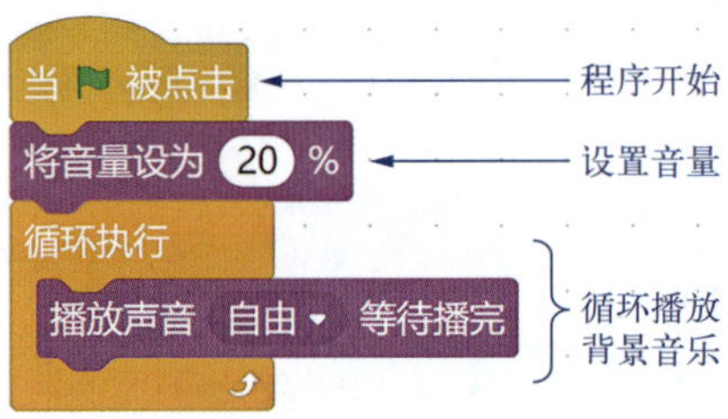

图 11-38　项目中舞台的程序

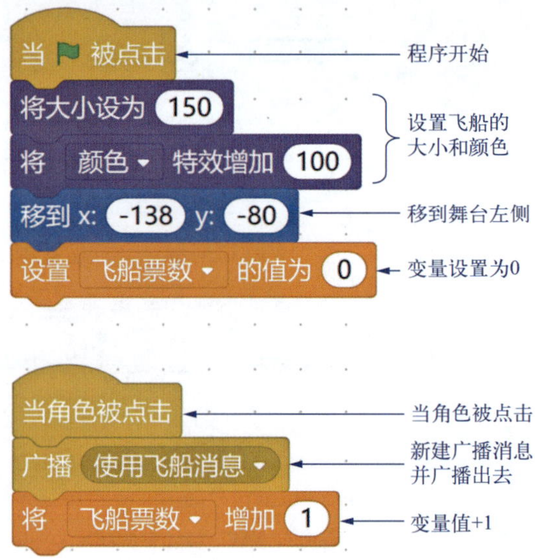

图 11-39　项目中飞船的程序

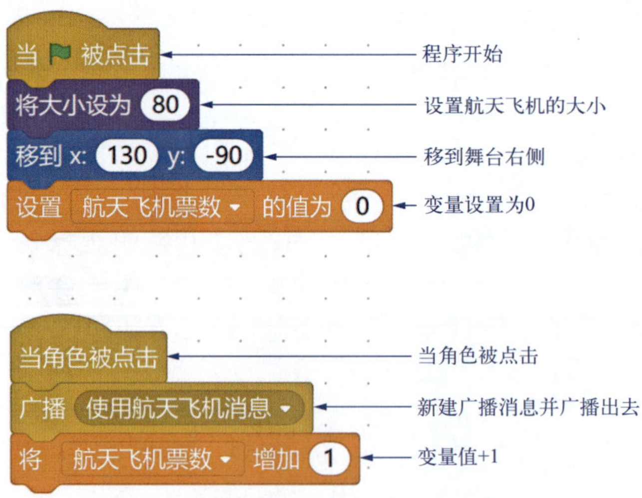

图 11-40　项目中航天飞机的程序

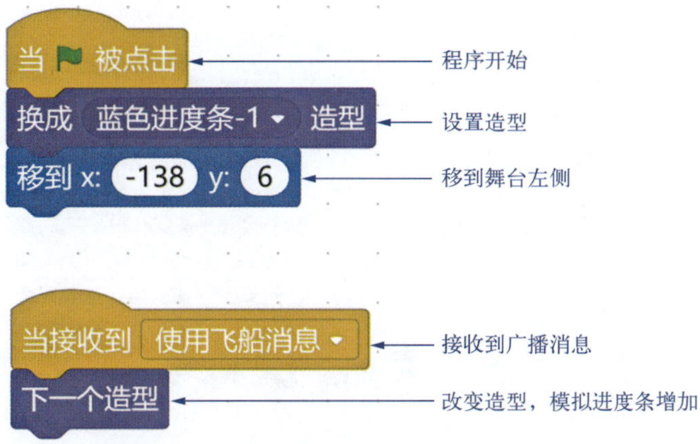

图 11-41　项目中蓝色进度条的程序

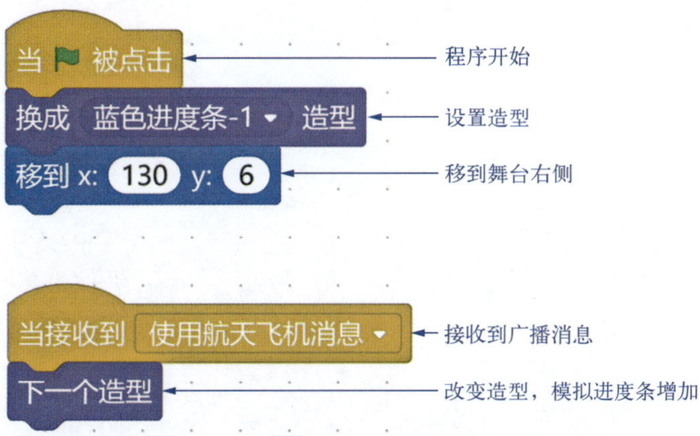

图 11-42　项目中蓝色进度条 2 的程序

（4）运行效果

程序编写完成后，点击“ ”运行，部分效果图如图 11-43 所示。

图 11-43　项目运行的部分效果图

变量积木编程
案例演示

第12章 函数积木编程

青少年创意编程与电子制作系列

{CODING}

12.1　函数积木简介

在前面的章节中，我们学习了 Mind+ 中自带的基础类型积木。在编程中，如果角色想完成一个特殊的功能（比如角色走路），而 Mind+ 中没有对应的积木来实现，那该怎么办？针对这个问题，Mind+ 中支持自制新积木来完成特殊任务，这就是本章要学习的函数积木编程。所谓“函数”是指编程者自己创建的、将现有积木组合起来形成一个实现特定功能的新积木。函数积木也可称为“自制积木”。

在 Mind+ 中，函数积木主要完成如下功能：

① 自建简单函数；

② 自建参数函数。

12.2　自建简单函数积木

当选中角色后，为了实现特殊的角色功能，需要手动创建函数积木，需要注意的是函数积木只能在当前的角色中创建和使用。函数积木主要涉及创建、实现、角色使用三个过程，如下所示。

① 如图 12-1 所示，首先选中角色，比如打开 Mind+ 就有的角色“麦的佳”。然后点击“函数”→“自定义模块”。

② 如图 12-2 所示，弹出“添加一个自定义模块”界面，可以设置函数积木名称、选择是否添加参数项（下一小节讲述）等。给函数积木命名时，可以用中英文、数字。通常需要给变量取一个有意义的名字，例如自建函数积木的功能是“角色自然地（变换着造型）走路”，那么可以给函数积木命名“角色走路”。

③ 函数积木建立好后，会出现在主界面的积木区以及编程区。在编程区出现的仅是函数积木的定义—— 定义 角色走路 ，还需要函数积木功能的实现——编程者通过基本类型积木编程实现具体的“角色自然地（变换着造型）走路”

功能。这样的函数积木才是积木区中的角色走路，最后可被拖拽到编程区使用。具体步骤如下：

图 12-1　新建函数积木

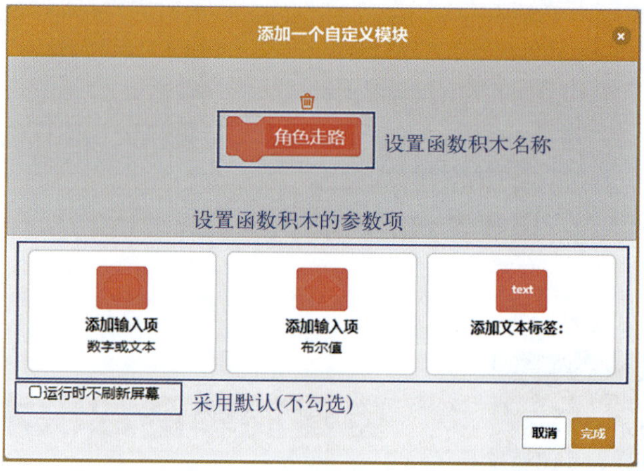

图 12-2　函数积木命名

a. 如图 12-3 所示，通过基本类型积木编程实现具体的“角色自然地（变换着造型）走路”功能。

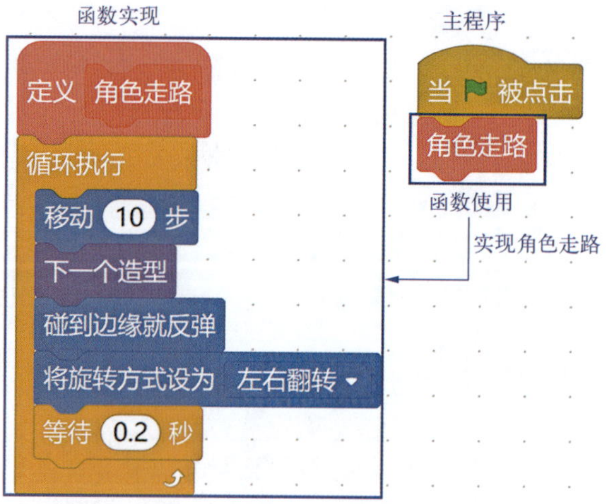

图 12-3　函数积木的实现及应用

b. 在编程区，拖拽事件积木 当 🏴 被点击 作为程序开始，拖拽函数积木 角色走路 拼接到 当 🏴 被点击 后面，运行程序，实现了“角色自然地（变换着造型）走路”的功能。将这个程序称为主程序。

12.3　自建参数函数积木

如图 12-4 所示，在自建函数积木时，除了设置函数名外，还可以设置积木的参数。参数可以是 1 个，也可以是多个。参数的具体功能如表 12-1 所示。

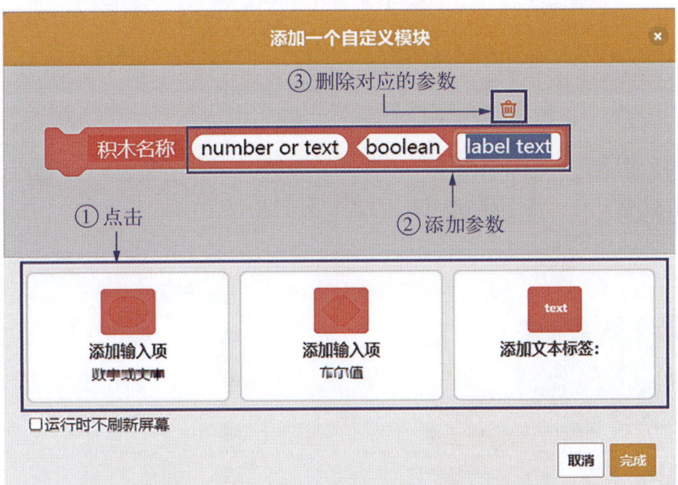

图 12-4　设置函数参数项

表 12-1　函数参数项功能列表

参数项	选项	具体功能
	功能	添加数字和文本输入项，椭圆形参数
	数据类型	可输入数字、字符串（文本）、变量积木等
	功能	添加布尔值输入项，菱形参数
	数据类型	输入菱形积木

续表

参数项	选项	具体功能
text	功能	添加字符串标签，就是积木上显示的文字
	数据类型	字符串（文本）

对上一节创建的简单函数积木——“角色走路”函数积木进行扩展，创建带 4 个参数的函数积木，其过程如下所示。

① 首先选中角色，如图 12-5 所示，由于 Mind+ 中规定函数不能同名，因此针对上节创建的“角色走路”函数积木，可以采用以下 2 种方式修改。

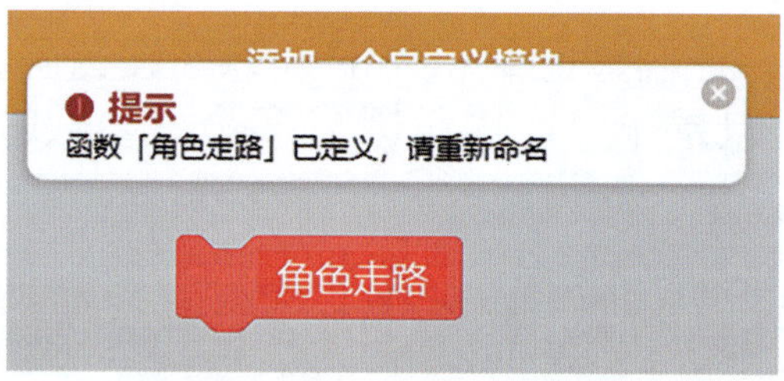

图 12-5　函数不能同名

a. 可以直接删除上节创建的“角色走路”函数积木，重新创建带参数的“角色走路”函数积木，步骤如图 12-6 所示。

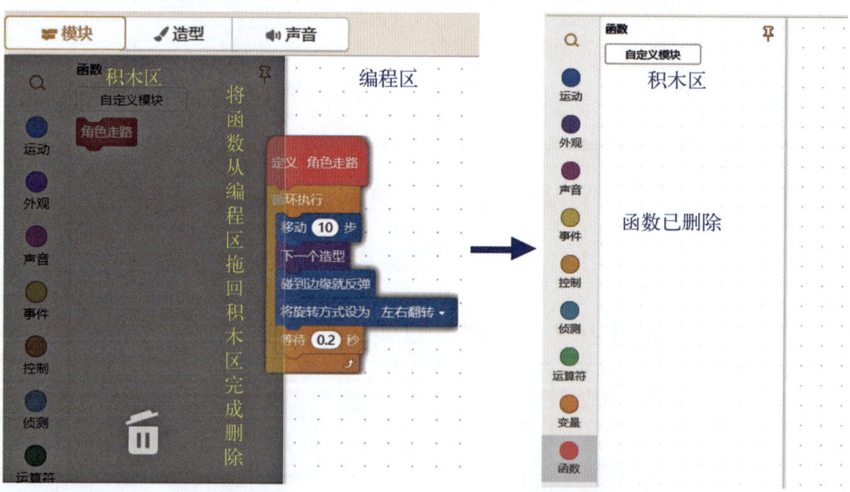

图 12-6　删除函数积木

b. 若不想直接删除上节创建的“角色走路”函数积木，还可以在其基础上进行编辑修改，步骤如图 12-7 所示。

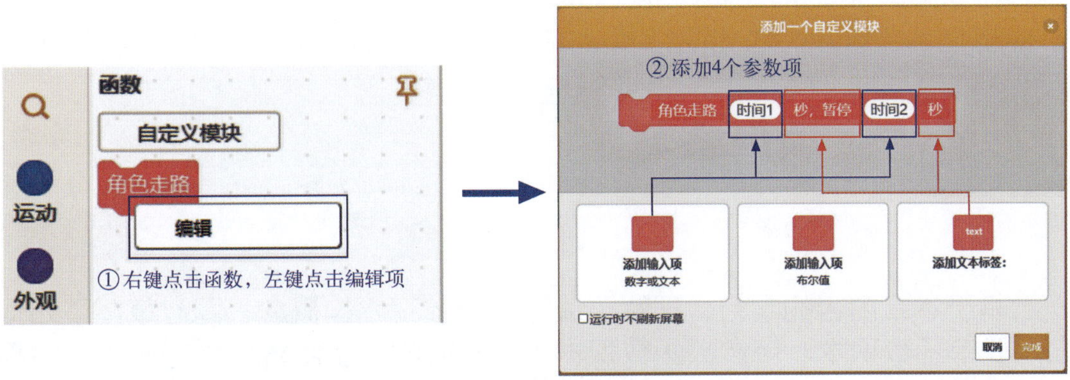

图 12-7　修改现有的函数积木

② 带参数的函数积木建立好后，会出现在主界面的积木区以及编程区。对带参数的函数积木进行编程实现及使用，具体步骤如下：

a. 如图 12-8 所示，通过基础积木编程实现“走 × × 秒，暂停 × × 秒”的功能。

b. 在编程区，拖拽事件积木 当 被点击 作为程序开始，拖拽函数积木 角色走路 秒，暂停 秒 拼接到 当 被点击 后面，设置“时间1”为5,“时间2”为3，运行程序，实现了“走5秒，暂停3秒”的功能。

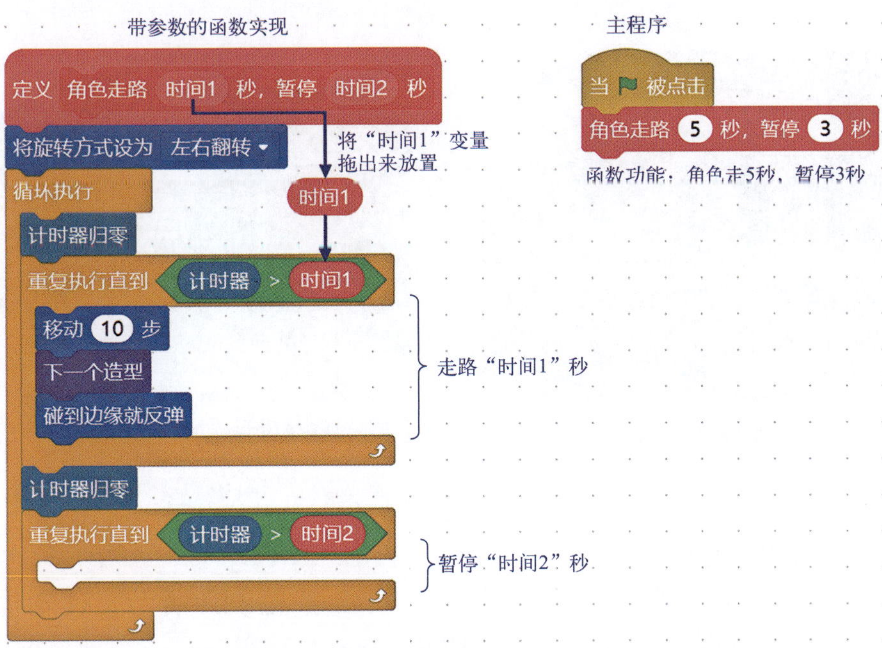

图 12-8　带参数函数积木的实现及应用

12.4 项目练习

基于本章内容的学习，理解了编程中函数积木的概念，同时掌握了如何自建简单函数积木、带参数函数积木等，同时学习了函数积木的应用。下面通过“机器人乘坐出租车”练习项目对本章学习情况进行检验。

（1）编程前思考

在开始编程之前，先来思考以下几个问题：

① 该项目有几个舞台背景？分别是什么？

② 该项目有几个声音？分别是什么？

③ 该项目有几个角色？分别是什么？

④ 该项目中舞台需要完成什么？

⑤ 该项目中每个角色都需要完成什么？

带着上面的思考问题，开始分析“机器人乘坐出租车”练习项目。

① 该项目有几个舞台背景？分别是什么？在本项目中，使用两个舞台背景——“Urban”（城市街角）、“School”（学校），如图 12-9 和图 12-10 所示。

图 12-9　项目的舞台背景——Urban

图 12-10　项目的舞台背景——School

② 该项目有几个声音？分别是什么？如图 12-11 所示，在本项目中使用到了 Mind+ 自带声音库的“自由”声音。

③ 该项目有几个角色？分别是什么？如图 12-12 所示，在本项目中，存在 2 个角色，分别是：麦的佳、出租车。

图 12-11　项目的声音

图 12-12　项目的角色

④ 该项目中舞台需要完成什么？本项目中舞台需要进行编程，主要完成作品的背景音乐循环播放。

⑤ 该项目中每个角色都需要完成什么？在本项目中，麦的佳主要完成：

a. 麦的佳设置大小移动到马路边，新建广播消息——乘车消息，并广播该消息；

b. 当接收到上车消息时，麦的佳隐藏，模拟路边的麦的佳进入车里；

c. 当接收到下车消息时，麦的佳显示并移到车旁边，模拟下车过程。

出租车主要完成：

a. 出租车设置大小和正面造型，并移动到马路边（停靠）；

b. 当接收到乘车消息时，出租车司机说“请上车”；

c. 出租车新建广播消息——上车消息，并广播该消息；

d. 出租车行驶；

e. 到目的地学校后，出租车新建广播消息——下车消息，并广播该消息；

f. 出租车司机计算乘车费用。

（2）编程前准备

通过上面的项目思考与分析，在开始拖拽积木编程之前，先做好项目的准备：添加舞台背景、声音和角色。点击“菜单栏”→“项目”→“新建项目”，默认会创建角色——机器人“麦的佳”，该角色为本练习项目中的一个角色。

① 添加舞台背景。如图 12-13 所示，点击“舞台背景编辑区”→“舞台背景添加”→“背景库”→“户外”，在 Mind+ 自带背景库中选择背景图片——“Urban”“School”。

② 添加声音。如图 12-14 所示，点击“功能区”→“声音”→“添加声音”→“选择一个声音”→“可循环”，在 Mind+ 自带的声音库中选择“自由”声音。

图 12-13　添加项目的舞台背景

图 12-14　添加项目的声音

③ 添加角色。如图12-15所示，除了默认角色“麦的佳”外，点击“角色编辑区”→“角色添加”→“角色库”→“交通”，在自带的角色库中选择“出租车”这个角色。

图 12-15　添加项目的角色

（3）图形化编程

添加完舞台背景、声音和角色后，开始对舞台、角色“麦的佳”、角色

“出租车”进行编程。本项目采用自建变量和自制函数积木的方式进行编程。根据项目分析，自建 1 个变量用于存放出租车行驶路程（单位：公里[1]），自建全局变量如图 12-16 所示。

① 舞台的完整程序如图 12-17 所示。

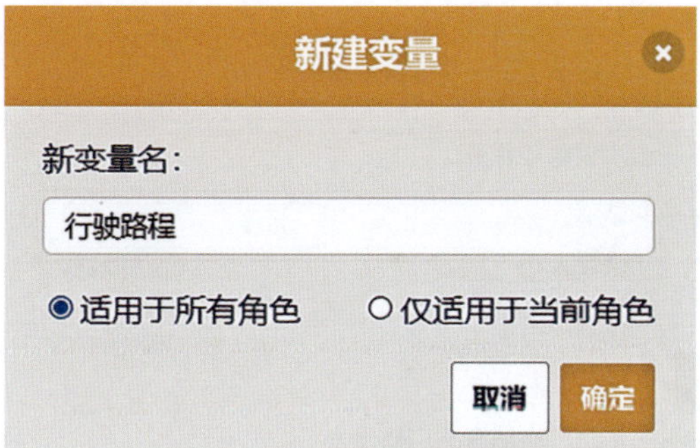

图 12-16　自建变量

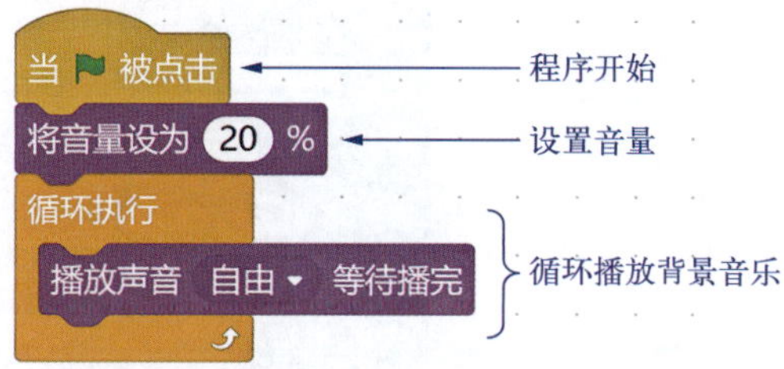

图 12-17　项目中舞台的程序

② 麦的佳的程序包括主程序和函数两部分，在进入出租车前，将其所有的操作自制成函数积木，名称定义为“机器人准备乘车”，自制过程如图 12-18 所示。

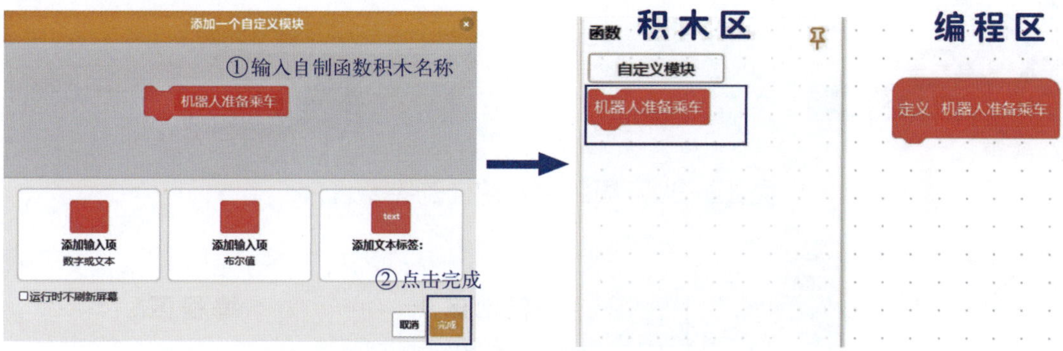

图 12-18　麦的佳角色的函数积木定义

在编程区出现了函数积木的定义——定义 机器人准备乘车，下面进行函数积木功能的实现，具体的实现程序如图 12-19 所示。

麦的佳的完整程序如图 12-20 所示。

③ 出租车的程序也包括主程序和函数两部分，如图 12-21 所示，这里共自建了三个函数积木。

在编程区出现了三个函数积木的定义——定义 出租车停靠路边、定义 出租车行驶、

[1] 1 公里 =1 千米（km）。

定义 乘车 距离 公里，需要的费用，下面进行这些自建函数积木功能的实现，具体的实现程序如图 12-22 ~图 12-24 所示。

出租车的完整程序如图 12-25 所示。

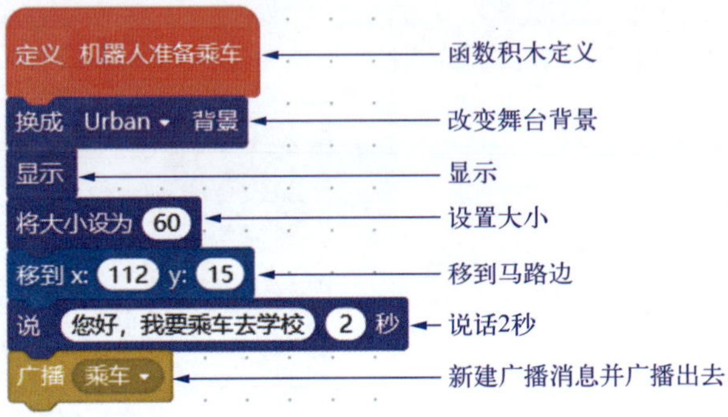

图 12-19　麦的佳角色的函数积木实现

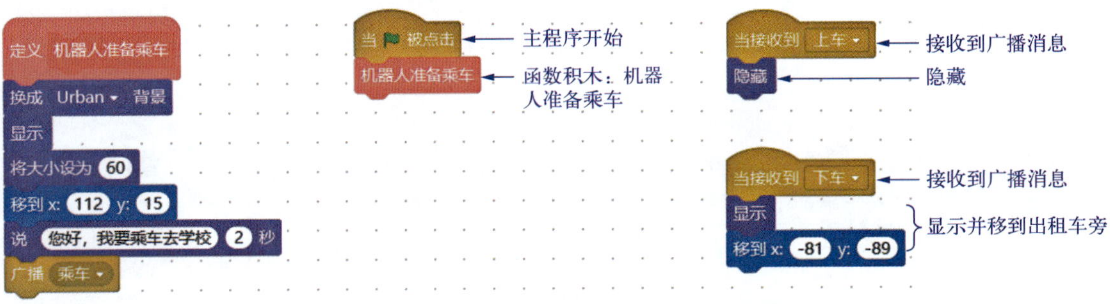

图 12-20　项目中麦的佳的完整程序

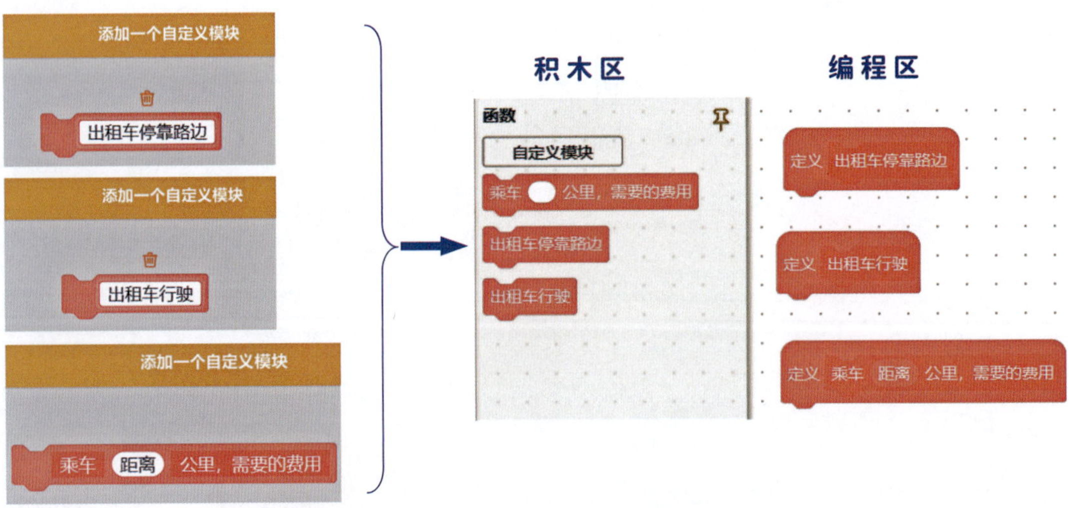

图 12-21　出租车角色的函数积木定义

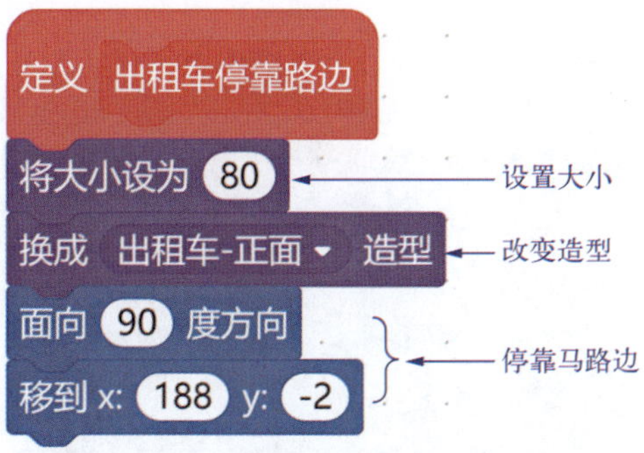

图 12-22　出租车角色的函数积木 1 的实现

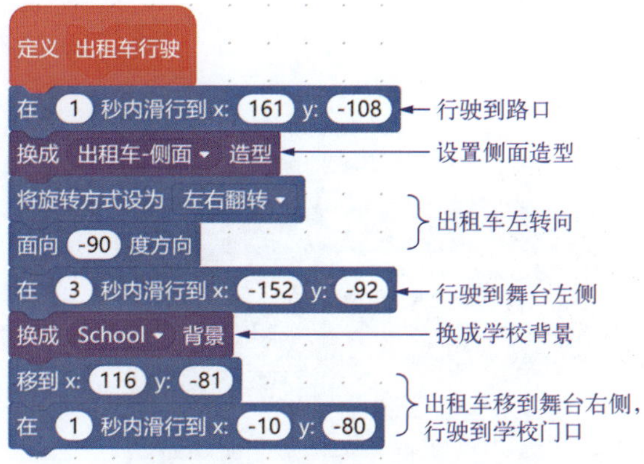

图 12-23　出租车角色的函数积木 2 的实现

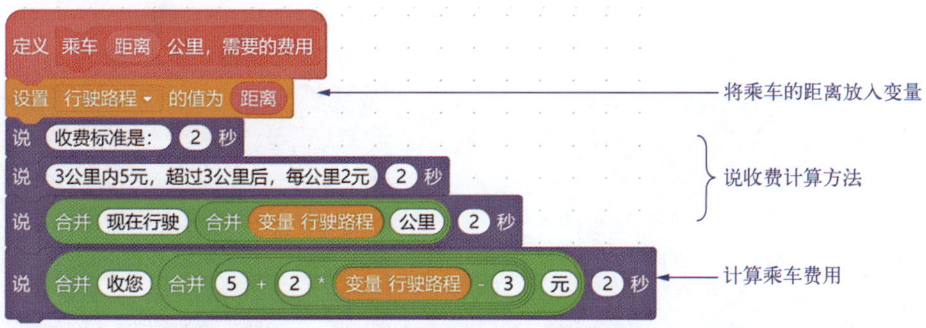

图 12-24　出租车角色的函数积木 3 的实现

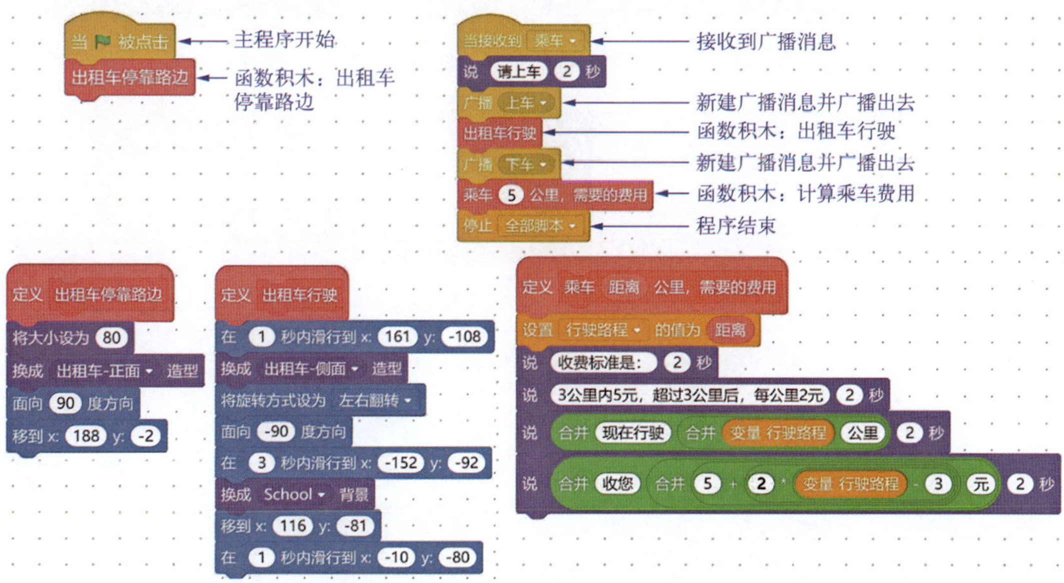

图 12-25　项目中出租车的完整程序

（4）运行效果

程序编写完成后，点击“ ”运行，部分效果图如图 12-26 所示。

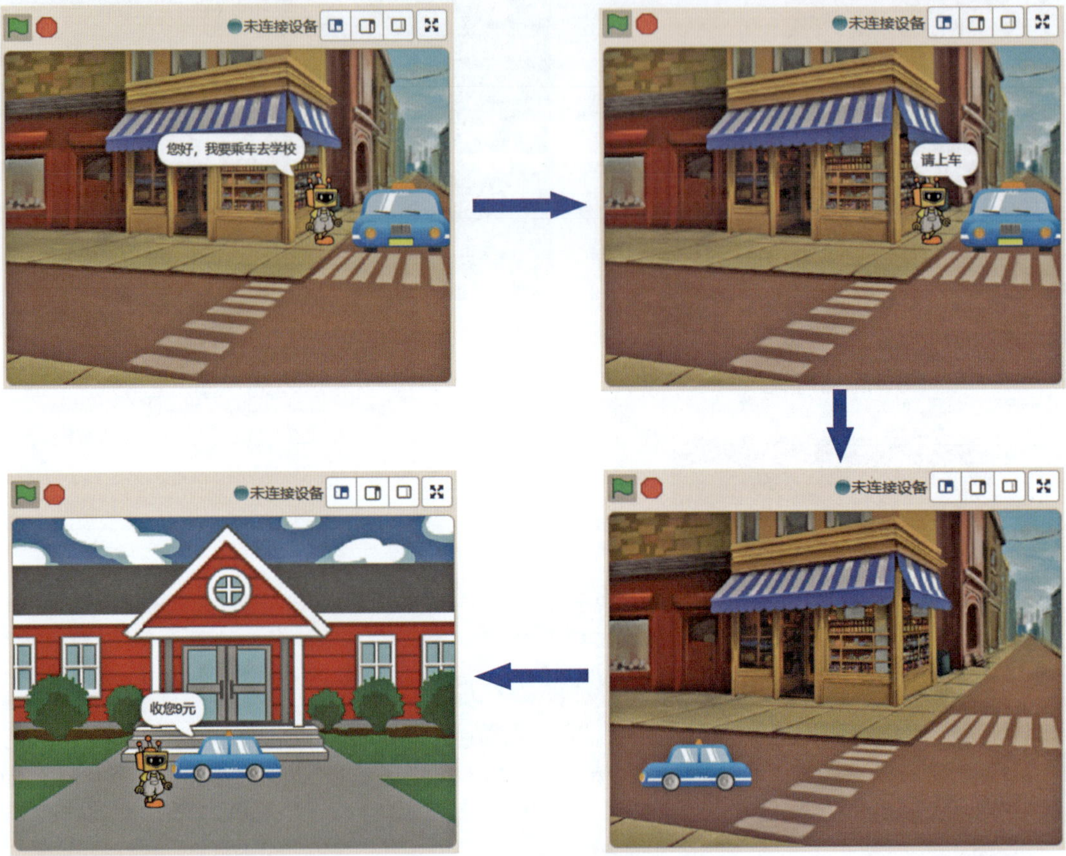

图 12-26 项目运行的部分效果图

函数积木编程案例演示

第13章 扩展画笔积木编程

青少年创意编程与电子制作系列

CODING

13.1 画笔积木简介

在 Mind+ 的实时模式编程中，除了基础积木外，还包含扩展模块，里面有音乐、画笔、视频侦测、机器学习等扩展积木，可基于这些积木编程开发更复杂的创新作品。本书作为 Mind+ 图形化编程的入门书籍，重点是基础积木编程，由于扩展种类很多，本节只讲解一种常用扩展积木——画笔积木及编程。

在 Mind+ 中，画笔积木主要完成如下功能：

① 设置画笔；

② 抬笔和落笔；

③ 图章功能。

在打开 Mind+ 后，主界面上显示的是基础积木，扩展积木处于隐藏的状态。将扩展画笔积木显示到主界面的操作步骤如图 13-1 所示。

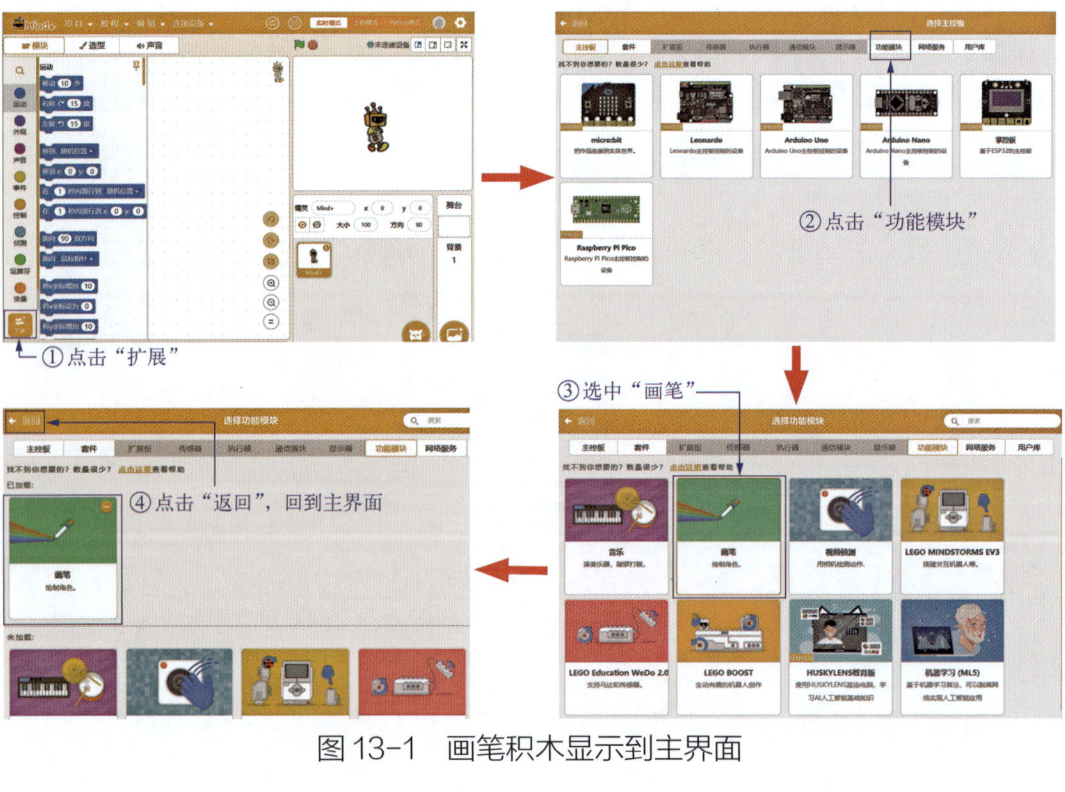

图 13-1　画笔积木显示到主界面

如图 13-2 所示，此时主界面左侧的积木区多了“功能模块”（也就是画笔）及对应的画笔积木。需要注意的是，选中角色和选中舞台背景时对应的画笔积木是一样的，没有区别。

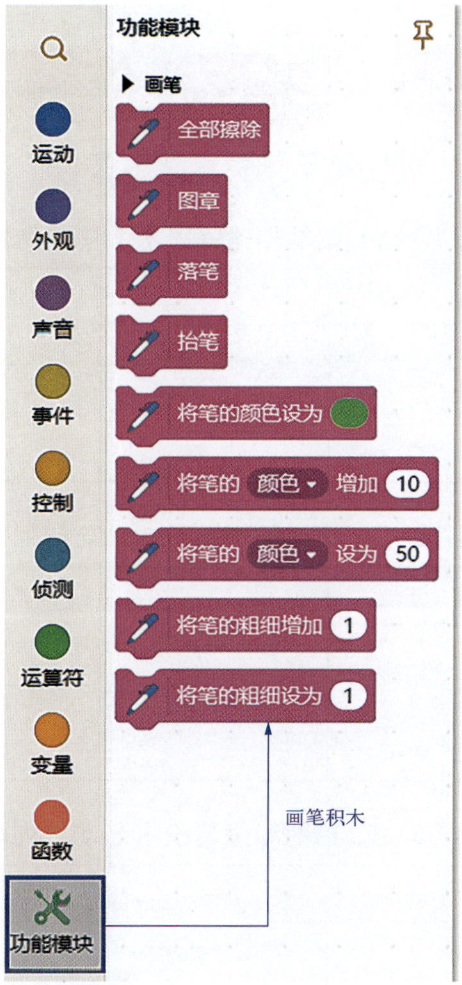

图 13-2　画笔积木

13.2　抬笔和落笔

实际生活中当准备绘画时，首先会拿出一张全新的画纸，然后在上面进行绘画。在 Mind+ 中画纸就是舞台，在舞台中可以完成落笔绘画、画完抬笔等操作。与现实不同的是，舞台只有一个，因此当需要换一张新的画纸重新绘画时，需要使用相应的积木将舞台上之前的画全部擦除。抬笔、落笔、擦除操作对应的积木如图 13-3 所示，具体功能如表 13-1 ~ 表 13-3 所示。

图 13-3　抬笔和落笔积木

表 13-1　抬笔和落笔积木 1 功能列表

积木	选项	具体功能
	功能	类似于现实中的将笔放在画纸上，落笔后利用运动积木移动角色，舞台上就会留下角色移动的画线
	参数	无

表 13-2　抬笔和落笔积木 2 功能列表

积木	选项	具体功能
	功能	类似于现实中的将笔移开画纸，抬笔后再移动角色，舞台上不会留下角色移动的画线
	参数	无

表 13-3　抬笔和落笔积木 3 功能列表

积木	选项	具体功能
	功能	类似于现实中的准备画纸，将舞台上所有绘画全部擦除
	参数	无

进行绘画编程时，首先要使用将舞台上之前的所有绘画全部擦除，然后使用、进行绘画。绘画时，每画完一段，就需要使用抬笔让角色离开画纸，再将它移动到下一个落笔点，重复落笔和移动的过程。图 13-4 所示为抬笔和落笔积木的应用。注意左边程序和右边程序的区别。

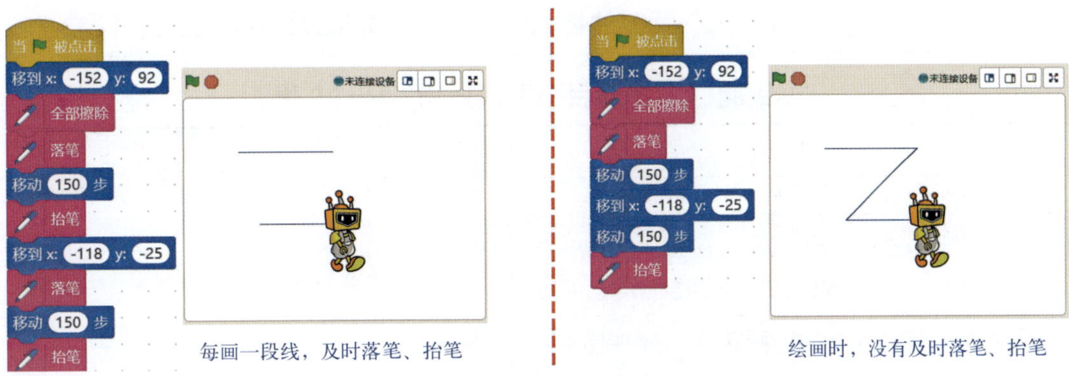

图 13-4　抬笔和落笔积木的应用

13.3 设置画笔

生活中使用画笔绘制复杂的画前，需要选择什么颜色、什么粗细的画笔。Mind+ 编程中也是类似的，因此需要先设置画笔，然后再进行绘画编程。如图 13-5 所示，设置画笔积木分为画笔的粗细设置积木（2 个）、画笔的颜色设置积木（3 个），其具体功能如表 13-4 ~表 13-8 所示。

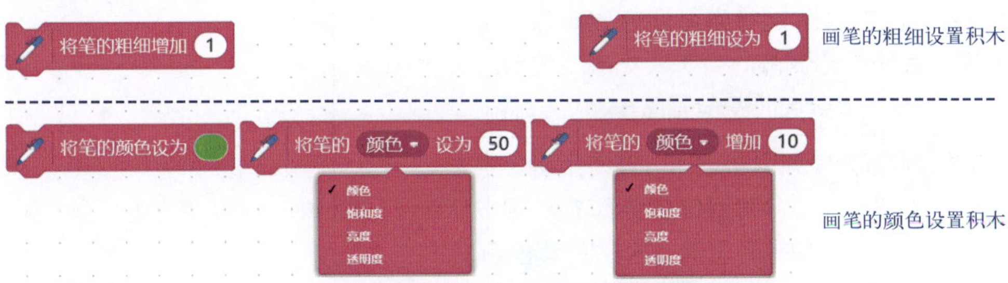

图 13-5　设置画笔积木

（1）画笔的粗细设置积木

表 13-4　画笔的粗细设置积木 1 功能列表

积木	选项	具体功能
	功能	设置画笔的粗细，将粗细值设置为参数的数值。数值越大，画笔越粗，数值越小，画笔越细
	参数	椭圆形参数，需要设置的画笔粗细数值，默认 1

表 13-5　画笔的粗细设置积木 2 功能列表

积木	选项	具体功能
	功能	修改画笔的粗细，在原有粗细值基础上增大或减小参数数值。数值越大，画笔越粗，数值越小，画笔越细
	参数	椭圆形参数，需要增大或减小的画笔粗细值，默认 1

（2）画笔的颜色设置积木

表 13-6　画笔的颜色设置积木 1 功能列表

积木	选项	具体功能
	功能	设置画笔的颜色
	参数	椭圆形参数，需要设置的颜色，默认随机

表 13-7　画笔的颜色设置积木 2 功能列表

积木	选项	具体功能
	功能	设置画笔的颜色、饱和度、亮度和透明度
	选项参数	特定参数，下拉框切换参数选项，选项如下，默认颜色。 ① 颜色：更换画笔的颜色。 ② 饱和度：调整画笔颜色的色调。 ③ 亮度：调整画笔颜色的明暗。 ④ 透明度：画出来的效果像玻璃一样，调整透明的程度
	数值参数	椭圆形参数，需要设置的对应选项数值，默认 50

表 13-8　画笔的颜色设置积木 3 功能列表

积木	选项	具体功能
	功能	在原有选项基础上增大或减小选项参数数值
	选项参数	特定参数，下拉框切换参数选项，选项如下，默认颜色。 ① 颜色：更换画笔的颜色。

续表

积木	选项	具体功能
	选项参数	② 饱和度：调整画笔颜色的色调。 ③ 亮度：调整画笔颜色的明暗。 ④ 透明度：画出来的效果像玻璃一样，调整透明的程度
	数值参数	椭圆形参数，需要增大或减小的对应选项的数值，默认 10

在前面 9.2 节已经学习过颜色设置相关知识，在 Mind+ 编程中，画笔颜色采用范围是 0 ~ 100 的四个数字表示，分别为颜色值、饱和度值、亮度值和透明度值。具体功能如下：

① 颜色值：用来更换颜色。

② 饱和度值：用来调整颜色的色调，数字越大，色彩越艳丽，如果设为 0，只有暗灰色。

③ 亮度值：用来调整颜色的明暗，设为 0 完全变黑，设为 100 颜色最亮。

④ 透明度值：如图 13-6 所示，画笔画出来的效果像玻璃一样，用来调整透明的程度，数字为 0 时不透明，数字越大越透明，数字为 100 时全透明。

图 13-6　透明度效果

如图 13-7 所示，可以通过改变颜色值、饱和度值和亮度值设置画笔的颜色（图中方法 1）；如果需要的颜色在舞台上，也可以使用滴管工具从舞台中获取颜色（过程见图中方法 2）。

需要注意的是，因为许多颜色看上去似乎一样，但实际上是不同的颜色，绘画时会有影响，因此在使用画笔积木绘制颜色相近的物体时，尽量使用滴管工具来获取颜色。图 13-8 所示为设置画笔积木的应用。

图 13-7　设置画笔颜色的 2 种方法

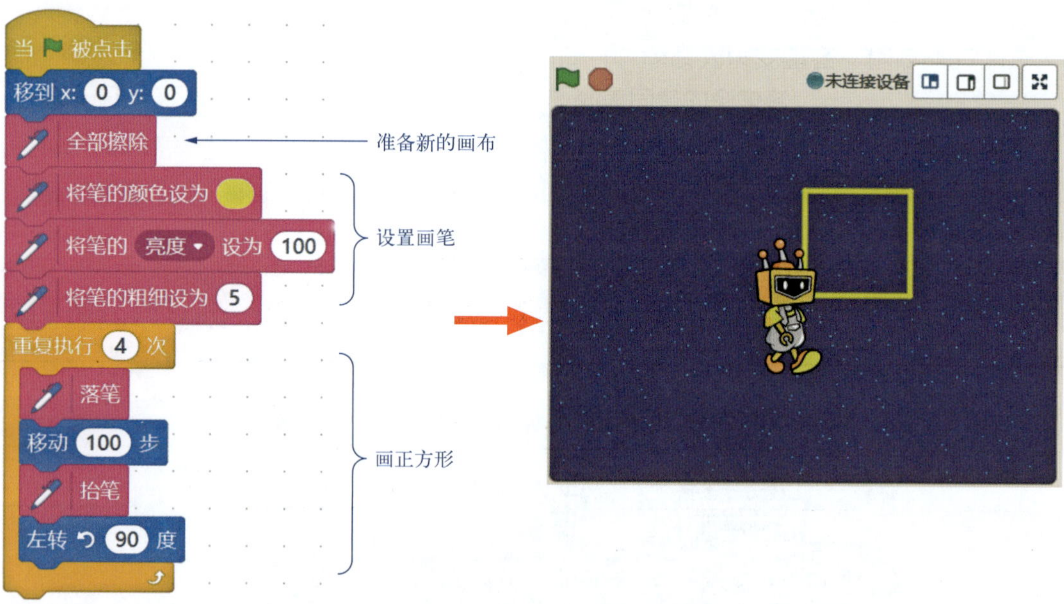

图 13-8　设置画笔积木的应用

13.4 图章功能

如图 13-9 所示，日常生活中常见的卡通印章可以在纸上印出一模一样的图案。在 Mind+ 中，有个好玩的积木叫图章——[图章]，类似生活中的卡通印章，图章积木可以将角色一模一样地印在舞台上。

图 13-10 所示是图章积木的应用。使用图章积木时，需要注意以下两点。

① 当使用图章积木时，会在角色相同的位置处，变出一个与角色一模一样的图章，这时它们是重合在一起的，只有将角色移开以后才能看见图章。

② 图章看起来和克隆积木克隆出来的角色一模一样，但是图章只是印在舞台上的一幅画，不能改变它的位置、颜色、大小等，也不能通过积木让它动作；相反，通过克隆积木产生的克隆体就可以设置位置、颜色、大小，还可以控制它动作。

图 13-9　日常生活中的卡通印章

图 13-10　图章积木的应用

13.5 项目练习

基于本章内容的学习，我们理解了编程中图章的概念，同时掌握了抬笔、落笔、设置画笔等画笔积木的应用。下面通过“太空简单绘画”练习项目对本章学习情况进行检验。

（1）编程前思考

在开始编程之前，先来思考以下几个问题：

① 该项目有几个舞台背景？分别是什么？

② 该项目有几个声音？分别是什么？

③ 该项目有几个角色？分别是什么？

④ 该项目中舞台需要完成什么？

⑤ 该项目中每个角色都需要完成什么？

带着上面的思考问题，开始分析“太空简单绘画”练习项目。

① 该项目有几个舞台背景？分别是什么？如图 13-11 所示，在本项目中，使用 1 个舞台背景——“星空 -3”。

② 该项目有几个声音？分别是什么？如图 13-12 所示，在本项目中使用到了 Mind+ 自带声音库的“自由”声音。

图 13-11　项目的舞台背景

图 13-12　项目的声音

③ 该项目有几个角色？分别是什么？如图 13-13 所示，在本项目中，存在 1 个角色：麦的佳。

图 13-13　项目的角色

④ 该项目中舞台需要完成什么？本项目中舞台需要进行编程，主要完成作品的背景音乐循环播放。

⑤ 该项目中每个角色都需要完成什么？在本项目中，麦的佳主要完成：

a. 将麦的佳看作画笔，进行颜色、粗细的初始化设置；

b. 麦的佳移动到舞台不同位置，绘制不同的多边形；

c. 绘制完麦的佳隐藏，同时麦的佳的图章移动到舞台中部。

（2）编程前准备

通过上面的项目思考与分析，在开始拖拽积木编程之前，先做好项目的准备：添加舞台背景和声音。点击“菜单栏”→“项目”→“新建项目”，默认会创建角色——机器人“麦的佳”，该角色为本练习项目角色，不需要再添加其他角色。

① 添加舞台背景。如图 13-14 所示，点击“舞台背景编辑区”→“舞台背景添加”→“背景库”→“太空”，在 Mind+ 自带的背景库中选择背景图片——“星空 -3”。

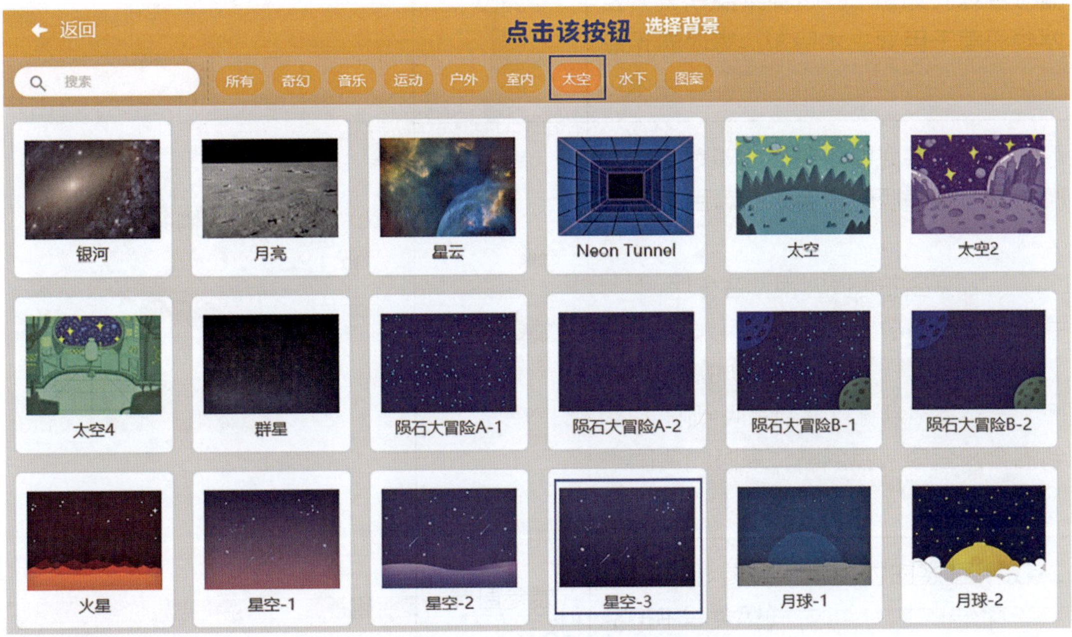

图 13-14　添加项目的舞台背景

② 添加声音。如图 13-15 所示，点击“功能区”→“声音”→“添加声音”→“选择一个声音”→“可循环”，在 Mind+ 自带的声音库中选择“自由”声音。

图 13-15　添加项目的声音

（3）图形化编程

添加完舞台背景和声音后，开始分别对舞台、角色“麦的佳”进行图形化编程。

① 舞台的完整程序如图 13-16 所示。

② 麦的佳的程序包括主程序和函数两部分，由于使用画笔积木进行各种

多边形绘制，会有较多的积木重复使用，因此将重复的积木自制成函数积木。自制过程如图 13-17 所示。

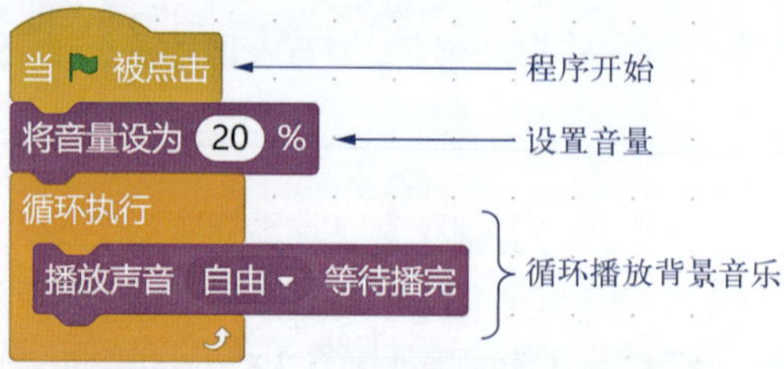

图 13-16　项目中舞台的程序

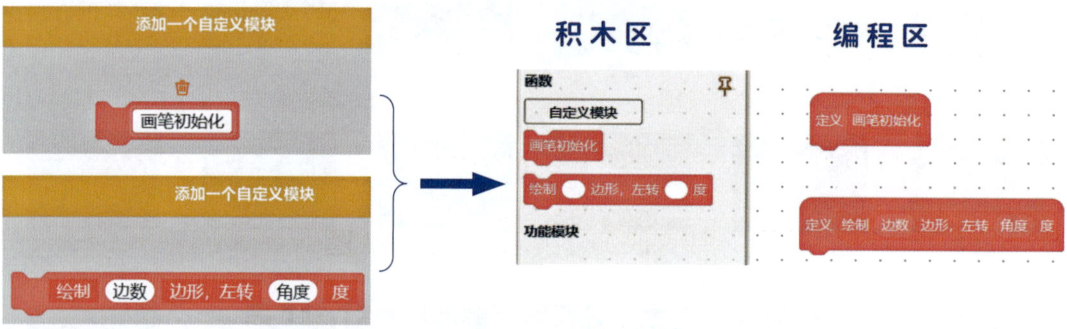

图 13-17　麦的佳角色的函数积木定义

在编程区出现了两个函数积木的定义——、，下面进行函数积木功能的实现，具体的实现程序如图 13-18 和图 13-19 所示。

麦的佳的完整程序如图 13-20 所示。

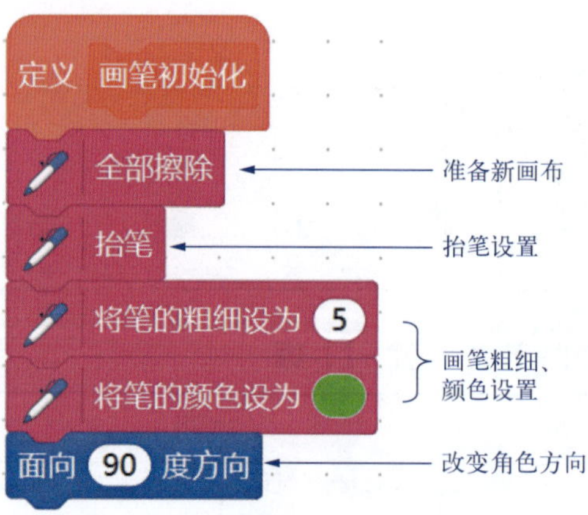

图 13-18　麦的佳角色的函数积木 1 实现

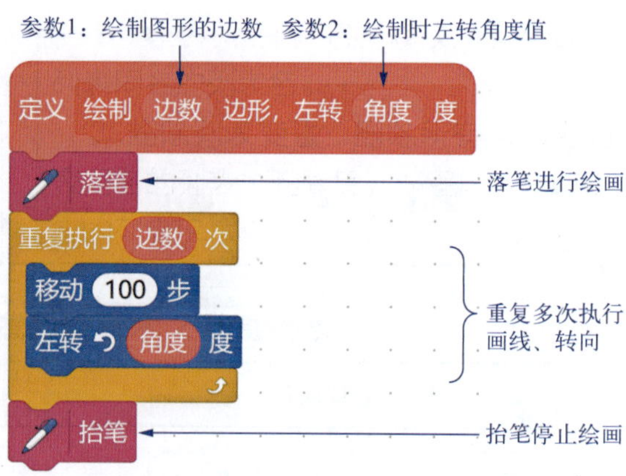

图 13-19　麦的佳角色的函数积木 2 实现

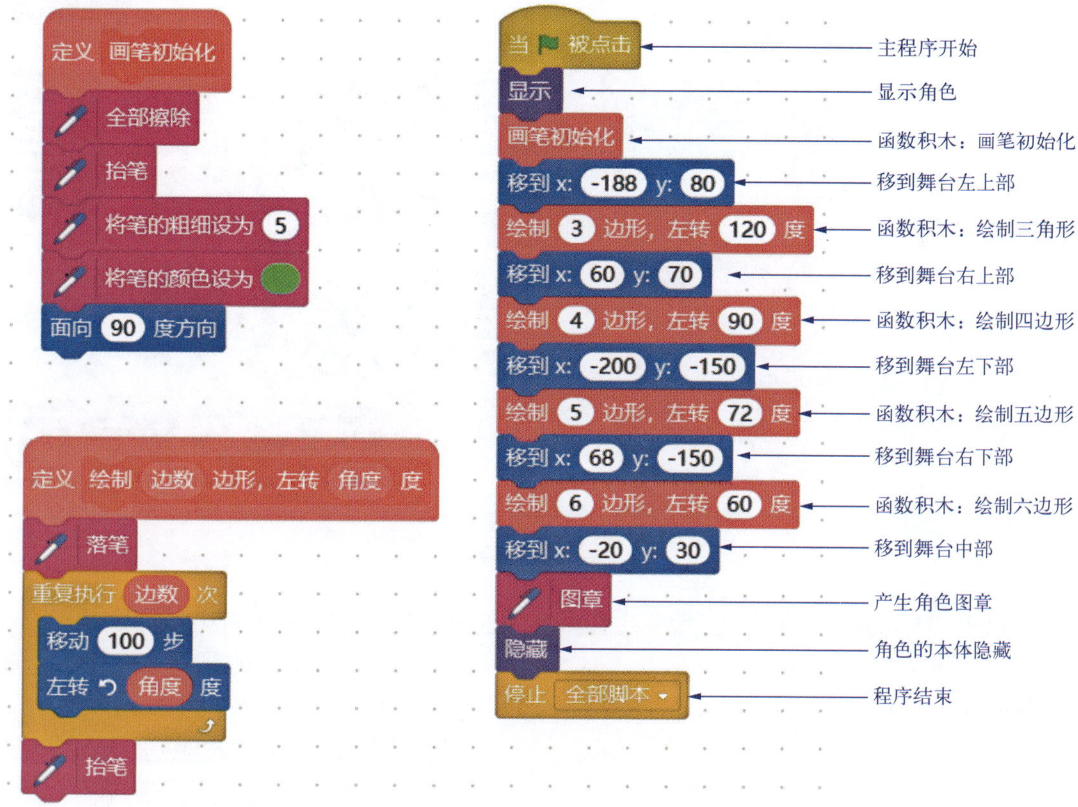

图 13-20　项目中麦的佳的完整程序

（4）运行效果

程序编写完成后，点击“🏴”运行，部分效果图如图 13-21 所示。

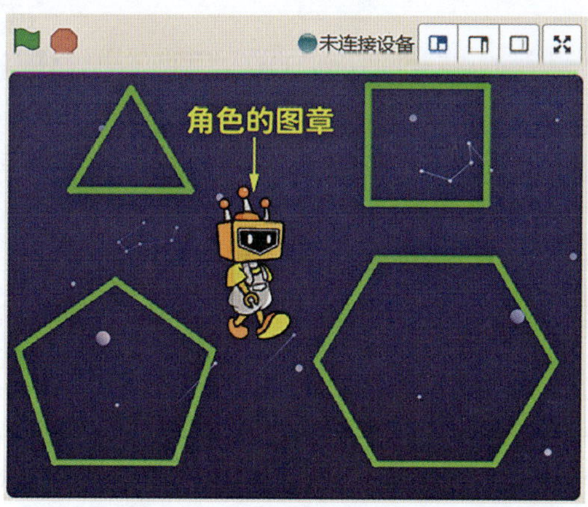

扩展画笔积木编程案例演示

图 13-21　项目运行的部分效果图

第 14 章

综合项目——星空绘画

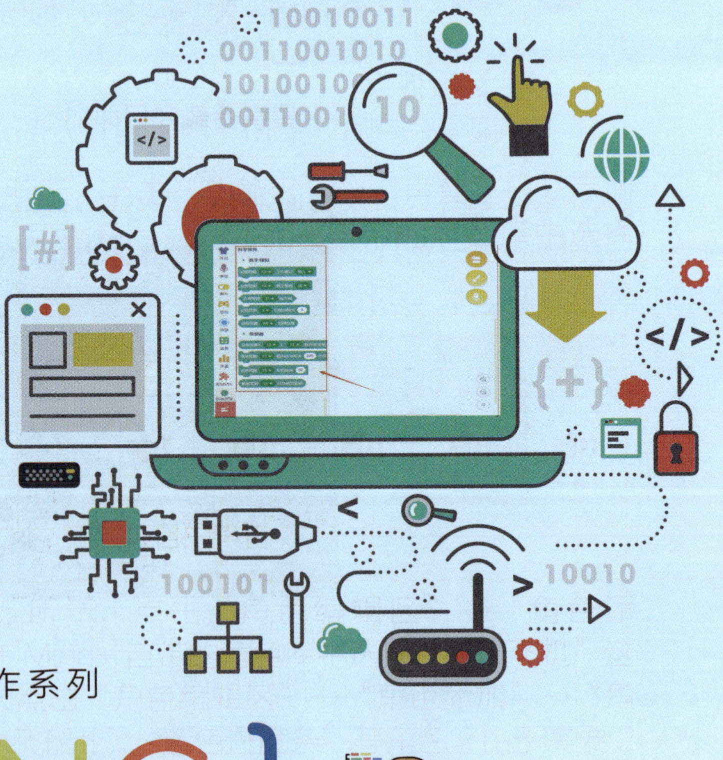

经过前面章节的学习，我们掌握了运动、外观、声音、事件、控制、侦测、运算符、变量、函数等基础积木和扩展画笔积木的应用，实现了对 Mind+ 图形化编程的快速入门。下面通过三个项目进行 Mind+ 图形化编程综合实战，来检验同学们掌握 Mind+ 编程的能力和水平。

14.1 项目任务

如图 14-1 所示，通过 Mind+ 中的基础积木和扩展画笔积木，麦的佳在星空中绘制复杂的图形——雪花。

图 14-1　项目任务

14.2 项目分析

在开始编程之前，先来思考以下几个问题：

① 该项目有几个舞台背景？分别是什么？
② 该项目有几个声音？分别是什么？
③ 该项目有几个角色？分别是什么？
④ 该项目中舞台需要完成什么？
⑤ 该项目中每个角色都需要完成什么？

带着上面的思考问题，开始分析“星空绘画”综合项目。

① 该项目有几个舞台背景？分别是什么？如图14-2所示，在本项目中，使用1个舞台背景——“星空 -3”。

② 该项目有几个声音？分别是什么？在本项目中没有使用到声音。

③ 该项目有几个角色？分别是什么？如图 14-3 所示，在本项目中，存在1个角色：麦的佳。

图 14-2　项目的舞台背景

图 14-3　项目的角色

④ 该项目中舞台需要完成什么？本项目中舞台不需要进行编程。

⑤ 该项目中每个角色都需要完成什么？在本项目中，麦的佳主要完成：

a. 将麦的佳看作画笔，先隐藏，然后移动到舞台中央并面向右；

b. 画笔进行颜色、粗细的初始化设置；

c. 画笔先绘制一条雪花的枝干，再循环绘制，直到绘制完雪花。

14.3 项目准备

通过上面的项目思考与分析，在开始拖拽积木编程之前，先做好项目的准备：添加舞台背景。点击“菜单栏”→“项目”→“新建项目”，默认会创建角色——机器人“麦的佳”，该角色为本项目角色，不需要再添加其他角色。

如图 14-4 所示，点击“舞台背景编辑区”→“舞台背景添加”→“背景库”→“太空”，在 Mind+ 自带的背景库中选择背景图片——“星空 -3”。

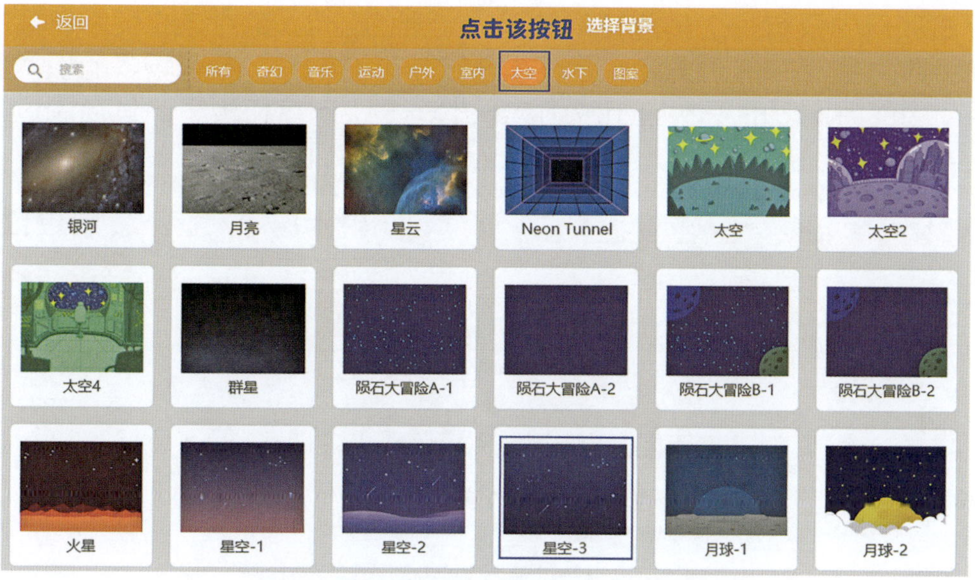

图 14-4　添加项目的舞台背景

14.4 项目编程

添加完舞台背景和声音后，开始对角色“麦的佳”进行图形化编程。项目中使用到的基础积木及扩展画笔积木如图 14-5 所示。

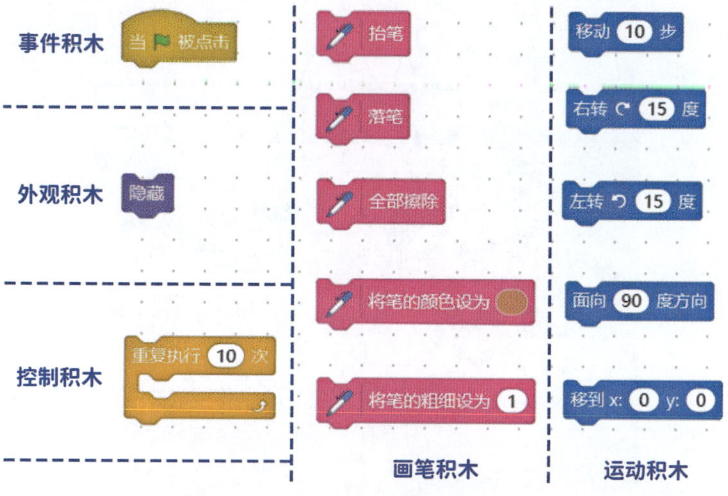

图 14-5　项目使用到的积木

本项目中只有一个角色——机器人“麦的佳”，麦的佳的程序包括主程序和函数两部分，由于使用画笔积木进行雪花绘制时，会有较多的积木重复使用，因此将重复的积木自制成函数积木——绘制雪花枝干。其自制过程如图 14-6 所示。

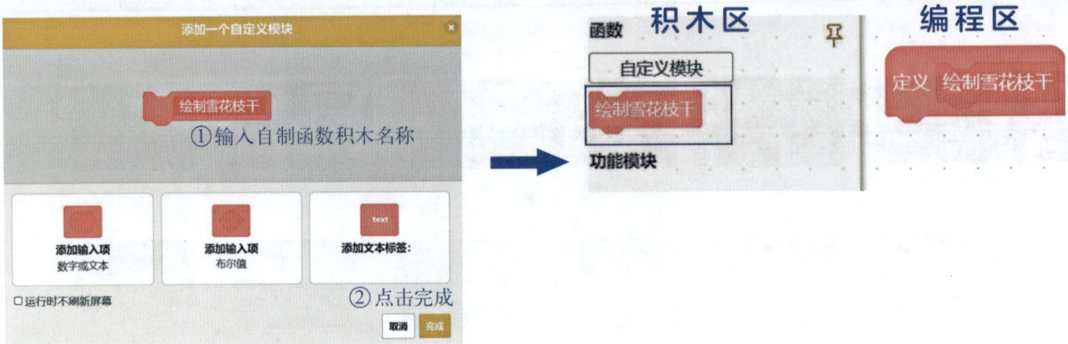

图 14-6　绘制雪花枝干函数积木定义

在编程区出现了函数积木的定义——，下面进行函数积木功能的实现，具体的实现程序如图 14-7 所示。

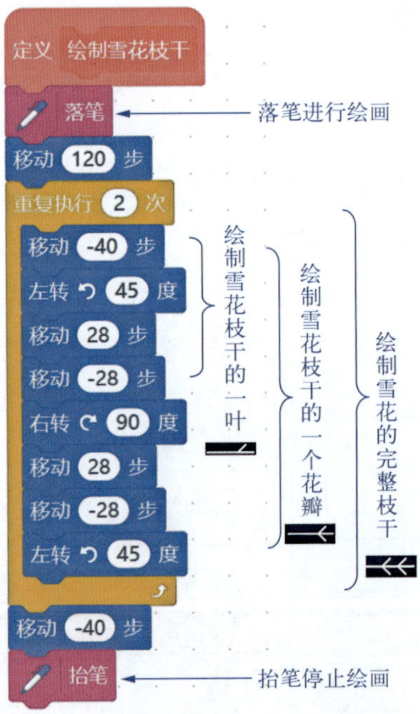

图 14-7　绘制雪花枝干函数积木实现

麦的佳的完整程序如图 14-8 所示。

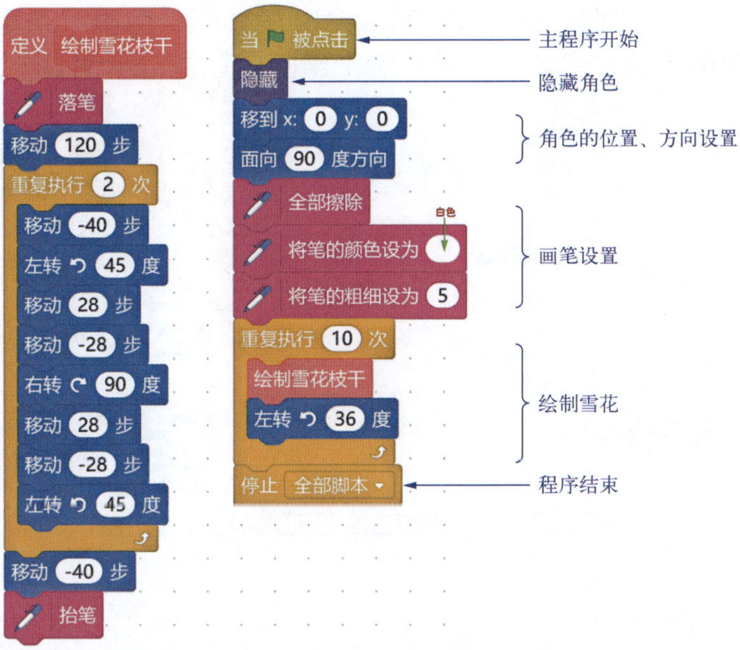

图 14-8　项目中麦的佳的完整程序

14.5　项目运行

程序编写完成后，点击“🏁”运行，部分效果图如图 14-9 所示。

图 14-9　项目运行的部分效果图

星空绘画案例演示

第15章

综合项目二 星空烟花

青少年创意编程与电子制作系列

15.1　项目任务

如图 15-1 所示效果，通过 Mind+ 中的基础积木和扩展画笔积木进行编程，实现定时（间隔 3 秒）在星空中绽放烟花。

图 15-1　项目任务

15.2　项目分析

在开始编程之前，先来思考以下几个问题：

① 该项目有几个舞台背景？分别是什么？

② 该项目有几个声音？分别是什么？

③ 该项目有几个角色？分别是什么？

④ 该项目中舞台需要完成什么？

⑤ 该项目中每个角色都需要完成什么？

带着上面的思考问题，开始分析“星空烟花”综合项目。

① 该项目有几个舞台背景？分别是什么？如图 15-2 所示，在本项目中，

使用 1 个舞台背景——“星空 -3”。

② 该项目有几个声音？分别是什么？在本项目中没有使用到声音。

③ 该项目有几个角色？分别是什么？如图 15-3 所示，在本项目中，存在 1 个角色：麦的佳。

图 15-2　项目的舞台背景

图 15-3　项目的角色

④ 该项目中舞台需要完成什么？本项目中舞台需要进行编程，主要完成定时广播放烟花消息及烟花消失特效处理。

⑤ 该项目中每个角色都需要完成什么？在本项目中，麦的佳主要完成：

a. 将麦的佳看作烟花，隐藏；

b. 麦的佳定时接收放烟花消息后，设置状态为“上升”并克隆自己；

c. 麦的佳克隆体在“上升”状态下，实现烟花“上升”时的轨迹效果；

d. 麦的佳克隆体到达随机高度后，设置状态为“炸开”；

e. 麦的佳克隆体在“上升”状态下，与舞台背景图章功能结合，实现“烟花绽放后慢慢消失”的效果。

15.3 项目准备

通过上面的项目思考与分析，在开始拖拽积木编程之前，先做好项目的准备：添加舞台背景。点击“菜单栏”→“项目”→“新建项目”，默认会创建角色——机器人“麦的佳”，该角色为本项目角色，不需要再添加其他角色。

如图 15-4 所示，点击“舞台背景编辑区”→“舞台背景添加”→“背景库”→“太空”，在 Mind+ 自带的背景库中选择背景图片——“星空 -3”。

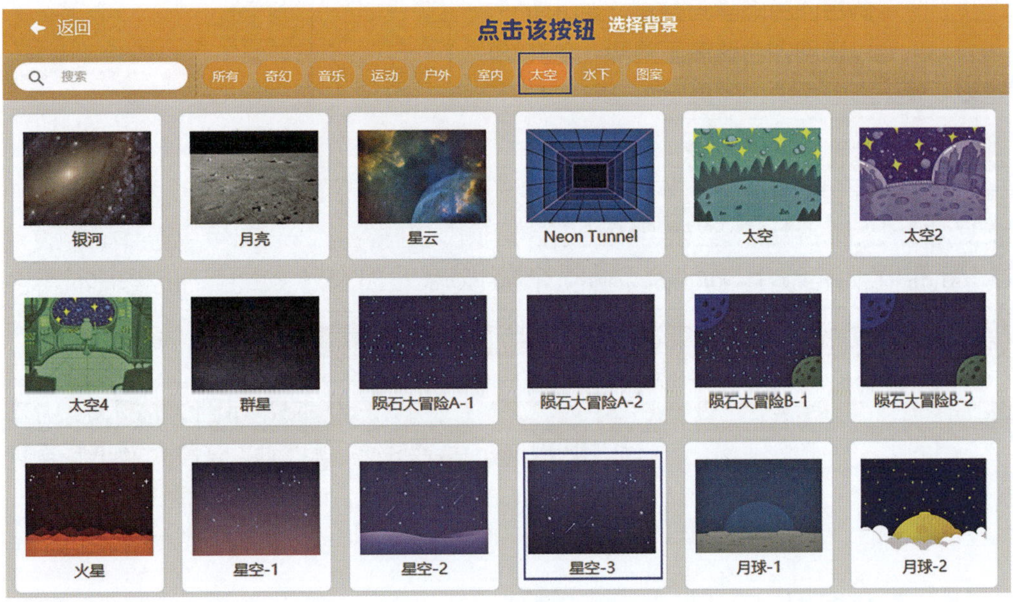

图 15-4　添加项目的舞台背景

15.4　项目编程

添加完舞台背景后，开始分别对舞台、角色“麦的佳”进行图形化编程。根据项目分析，如图 15-5 所示，自建一个全局变量用于存放烟花的状态：上升或者绽放。

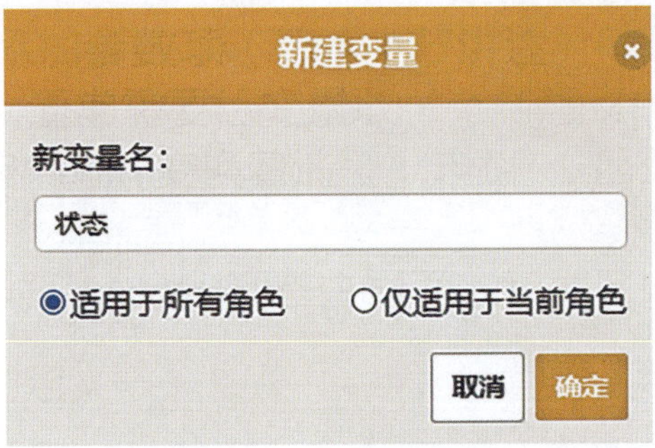

图 15-5　自建变量

项目中使用到的基础积木及扩展画笔积木如图 15-6 所示。

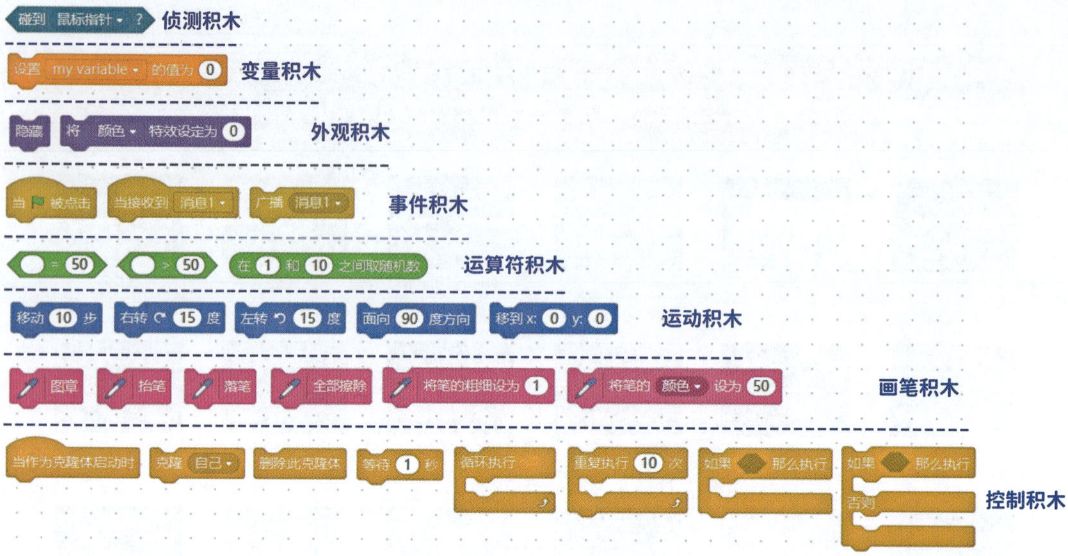

图 15-6　项目使用到的积木

（1）舞台编程

本项目中舞台主要新建广播消息——放烟花，并间隔 3 秒定时广播该消息，通知被看成烟花的麦的佳进行发射和炸开，实现“烟花绽放”效果；同时设置舞台背景“虚像”特效以及循环执行舞台背景图章功能，实现“烟花绽放后慢慢消失”的最终效果。舞台完整程序如图 15-7 所示。

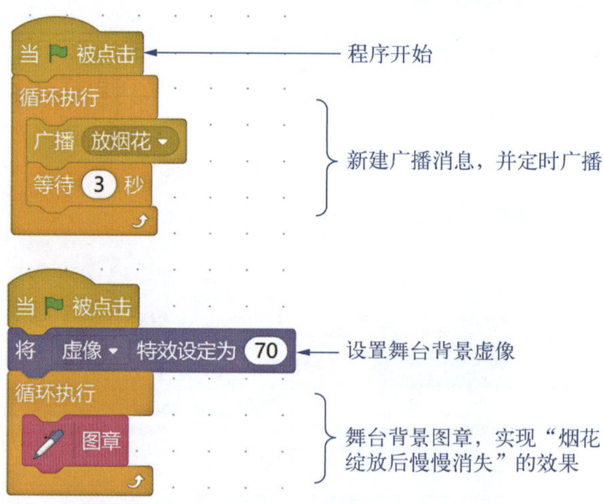

图 15-7　项目中舞台的程序

（2）角色编程

本项目中只有一个角色——麦的佳，麦的佳的程序包括主程序和函数两部分，麦的佳被看成烟花，需要绽放，因此自制函数积木——烟花绽放。其自制过程如图 15-8 所示，需要注意的是：自建过程中要勾选“运行时不刷新屏幕”，目的是烟花绽放时更加真实、形象。

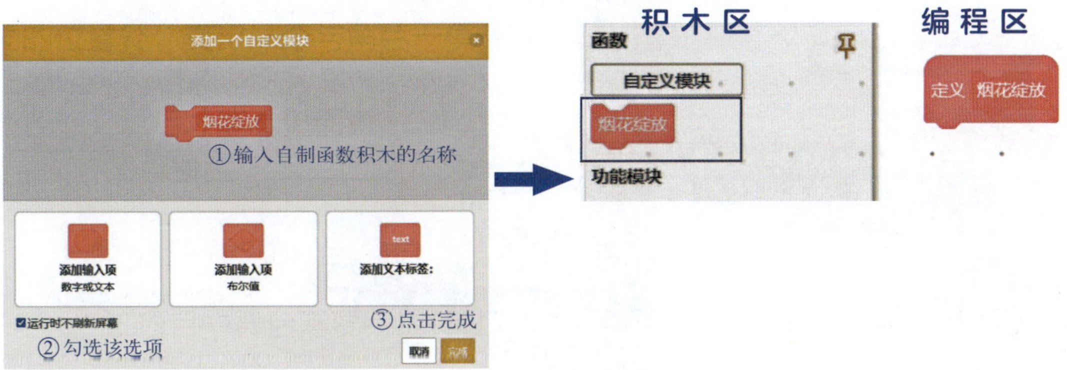

图 15-8　烟花绽放函数积木定义

在编程区出现了函数积木的定义——，下面进行函数积木功能的实现，具体的实现程序如图 15-9 所示。

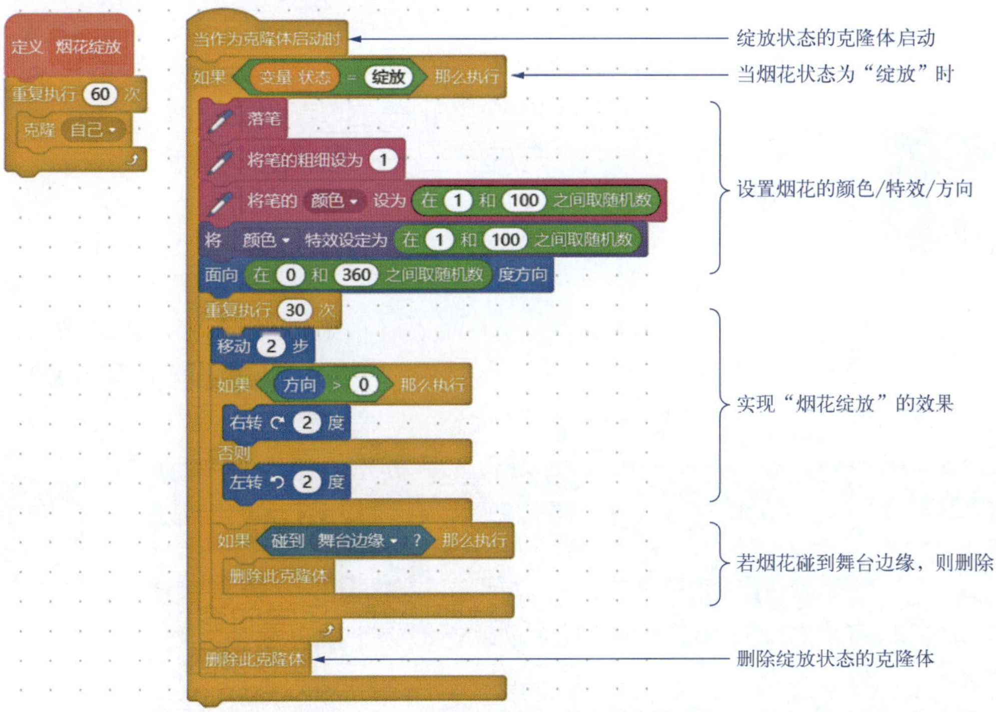

图 15-9　烟花绽放函数积木实现

麦的佳的完整程序如图 15-10 所示。

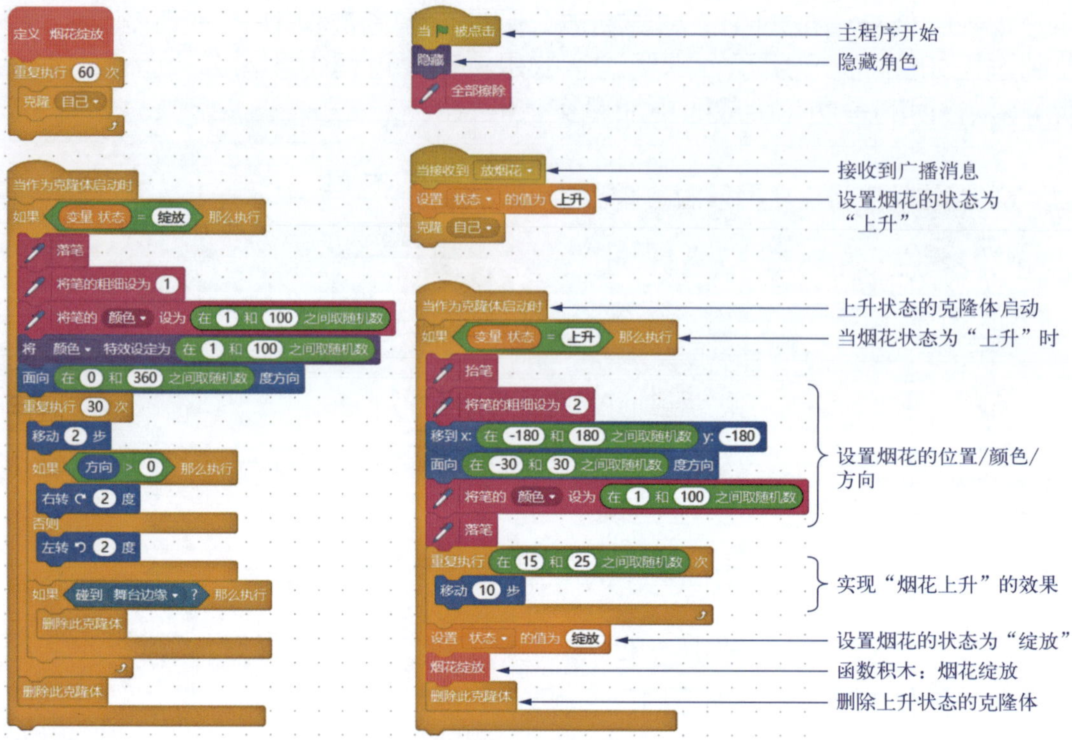

图 15-10　项目中麦的佳的完整程序

15.5 项目运行

程序编写完成后，点击“🏴”运行，部分效果图如图 15-11 所示。

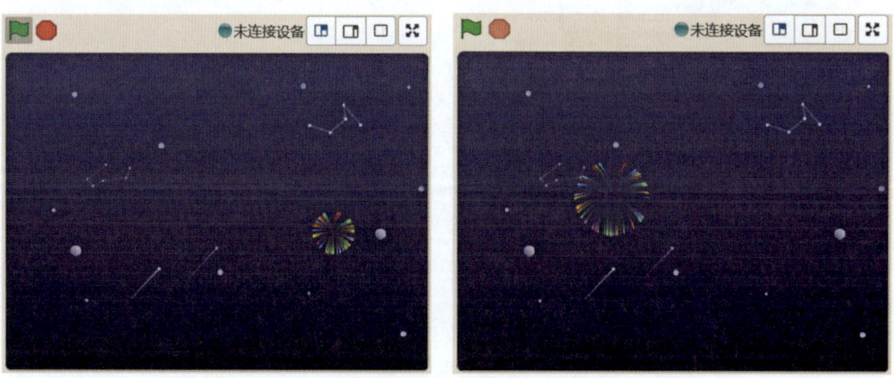

图 15-11　项目运行的部分效果图

星空烟花案例演示

第16章
综合项目三 太阳系运行

16.1 项目任务

如图 16-1 所示，在太阳系中，有八大行星围绕着太阳旋转（称为行星公转），按照离太阳的距离从近到远，它们依次为水星、金星、地球、火星、木星、土星、天王星、海王星。如图 16-2 所示效果，使用 Mind+ 中的基础积木和扩展画笔积木进行编程，实现太阳系中八大行星的公转。

图 16-1　太阳系行星

图 16-2　项目任务

16.2 项目分析

在开始编程之前，先来思考以下几个问题：
① 该项目有几个舞台背景？分别是什么？
② 该项目有几个声音？分别是什么？
③ 该项目有几个角色？分别是什么？
④ 该项目中舞台需要完成什么？
⑤ 该项目中每个角色都需要完成什么？
带着上面的思考问题，开始分析“太阳系运行”综合项目。

① 该项目有几个舞台背景？分别是什么？如图 16-3 所示，在本项目中，使用 1 个舞台背景——“银河”。

② 该项目有几个声音？分别是什么？如图 16-4 所示，在本项目中使用到了 Mind+ 自带声音库的“空间音效”声音。

图 16-3　项目的舞台背景

图 16-4　项目的声音

③ 该项目有几个角色？分别是什么？如图 16-5 所示，在本项目中，共有 9 个角色：太阳、水星、金星、地球、火星、木星、土星、天王星、海王星。在 Mind+ 中没有这些角色，本书配套源程序文件夹中提供这些图片，下载后再按照本书第 2.4 节角色添加的第 4 种方法添加。

④ 该项目中舞台需要完成什么？本项目中舞台需要进行编程，主要完成作品的背景音乐循环播放。

⑤ 该项目中每个角色都需要完成什么？在本项目中，太阳是八大行星的公转中心，不转动，不做任何编程。其他八大行星的任务基本一致，主要完成：

图 16-5　项目的角色

a. 行星先移动到固定起始公转位置，并设置方向；
b. 将行星看成画笔，进行颜色、粗细、亮度的初始化设置；
c. 行星画笔根据相关公式（参照地球）计算公转速度，绘制公转轨迹。

16.3 项目准备

通过上面的项目思考与分析，在开始拖拽积木编程之前，先做好项目的准备：添加舞台背景、声音和角色。点击“菜单栏”→“项目”→“新建项目”，默认会创建角色——机器人“麦的佳”，由于本项目使用的是其他角色，因此要删除默认的机器人“麦的佳”。

（1）添加项目的舞台背景

如图 16-6 所示，点击“舞台背景编辑区”→“舞台背景添加”→“背景库”→“太空”，在 Mind+ 自带的背景库中选择背景图片——“银河”。

（2）添加项目的声音

如图 16-7 所示，点击“功能区”→“声音”→“添加声音”→“选择一个声音”→“太空”，在 Mind+ 自带的声音库中选择“空间音效”声音。

（3）添加项目的角色

在本项目中，共有 9 个角色：太阳、水星、金星、地球、火星、木星、土星、天王星、海王星。在 Mind+ 中没有这些角色，本书配套源程序文件夹中提供这些角色图片，下载后按照图 16-8 所示步骤进行角色添加。

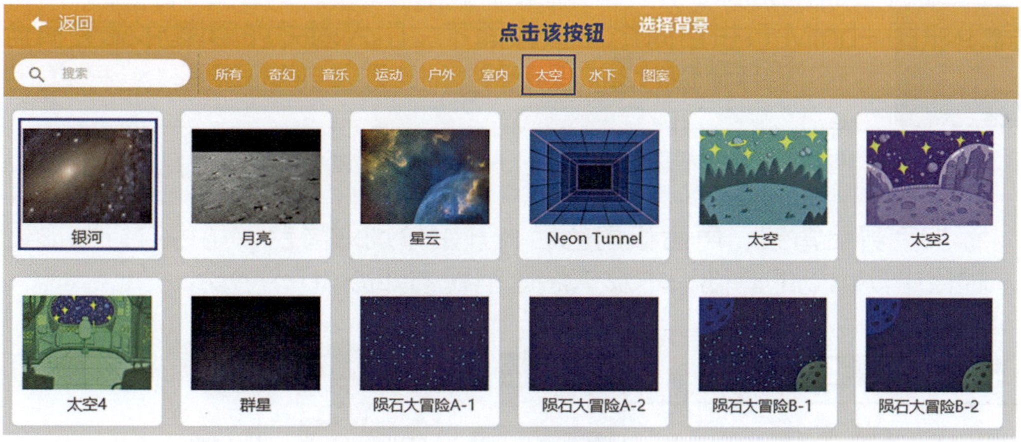

图 16-6　添加项目的舞台背景

图 16-7　添加项目的声音

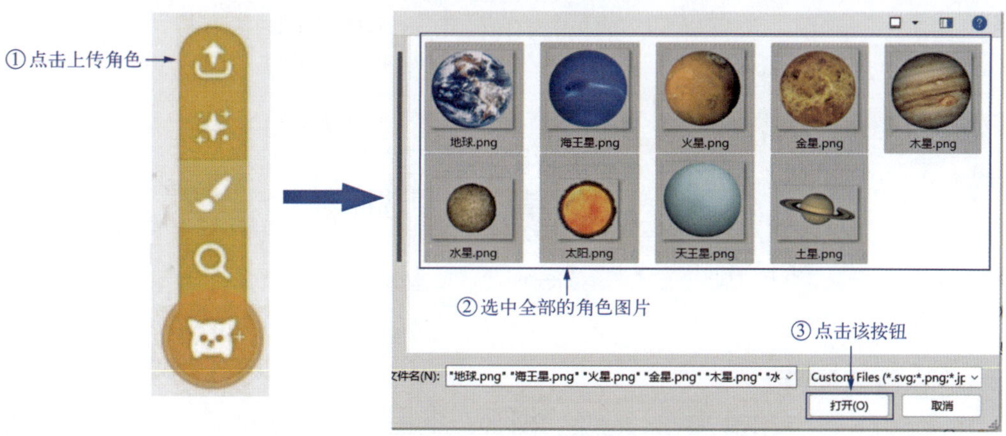

图 16-8　通过上传角色方式添加项目的角色

16.4 项目编程

添加完舞台背景、声音和角色后，开始分别对舞台、角色进行图形化编程。项目中使用到的基础积木及扩展画笔积木如图 16-9 所示。

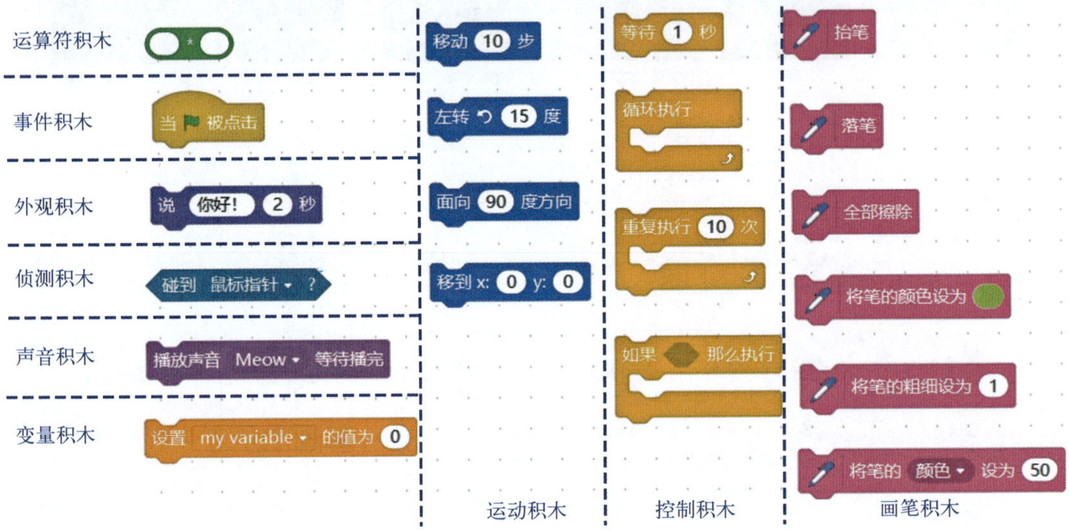

图 16-9　项目使用到的积木

（1）舞台编程

本项目中舞台主要完成背景音乐循环播放，舞台的完整程序如图 16-10 所示。

图 16-10　项目中舞台的程序

（2）角色编程

角色编程重点和难点是计算每个行星公转速度，本项目主要是模拟太阳系行星运行的现象，因此并不是精确地去计算行星公转运动轨迹。这里采用的是以地球公转速度作为参照物，其余行星的公转速度参照表 16-1 进行简单计算即可。

表 16-1　太阳系行星公转信息表

行星	公转周期 / 天	公转速度 /（km/s）
水星	87	47.87
金星	224	35
地球	365	29.783
火星	687	24.13
木星	约 4015	13.07
土星	约 10768	9.69
天王星	约 30660	6.81
海王星	约 59495	5.43

根据表 16-1，做除法运算——行星速度 ÷ 地球速度，得到行星速度是地球速度的几分之几（或者多少倍），进而模拟出各个行星的运行轨迹。为便于计算，编程中将地球速度设为 1，则其他行星相对于地球的速度为：

① 水星速度：（47.87 ÷ 29.783）×1=1.607。

② 金星速度：（35 ÷ 29.783）×1=1.175。

③ 火星速度：（24.13 ÷ 29.783）×1=0.810。

④ 木星速度：（13.07 ÷ 29.783）×1=0.439。

⑤ 土星速度：（9.69 ÷ 29.783）×1=0.325。

⑥ 天王星速度：（6.81 ÷ 29.783）×1=0.229。

⑦ 海王星速度：（5.43 ÷ 29.783）×1=0.182。

下面针对角色太阳、水星、金星、地球、火星、木星、土星、天王星、海王星进行编程。

① 太阳编程：本项目中太阳处于静止状态，不需要编程。

② 水星编程：水星的完整程序如图 16-11 所示。

③ 金星编程：金星的完整程序如图 16-12 所示。

④ 地球编程：地球的完整程序如图 16-13 所示。

⑤ 火星编程：火星的完整程序如图 16-14 所示。

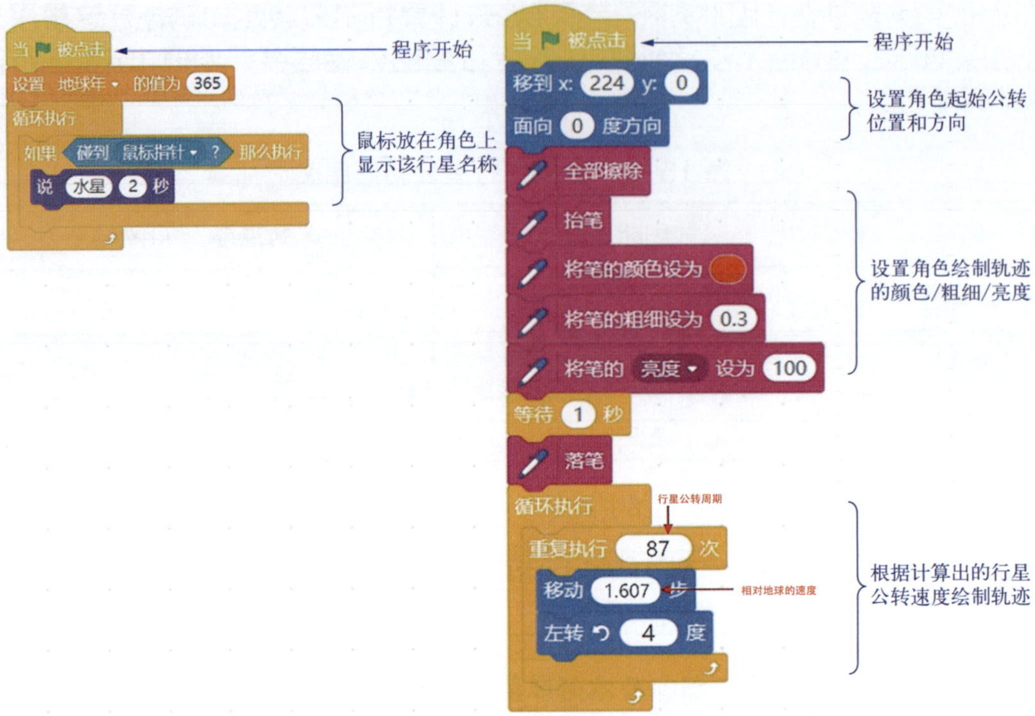

图 16-11 项目中水星的程序

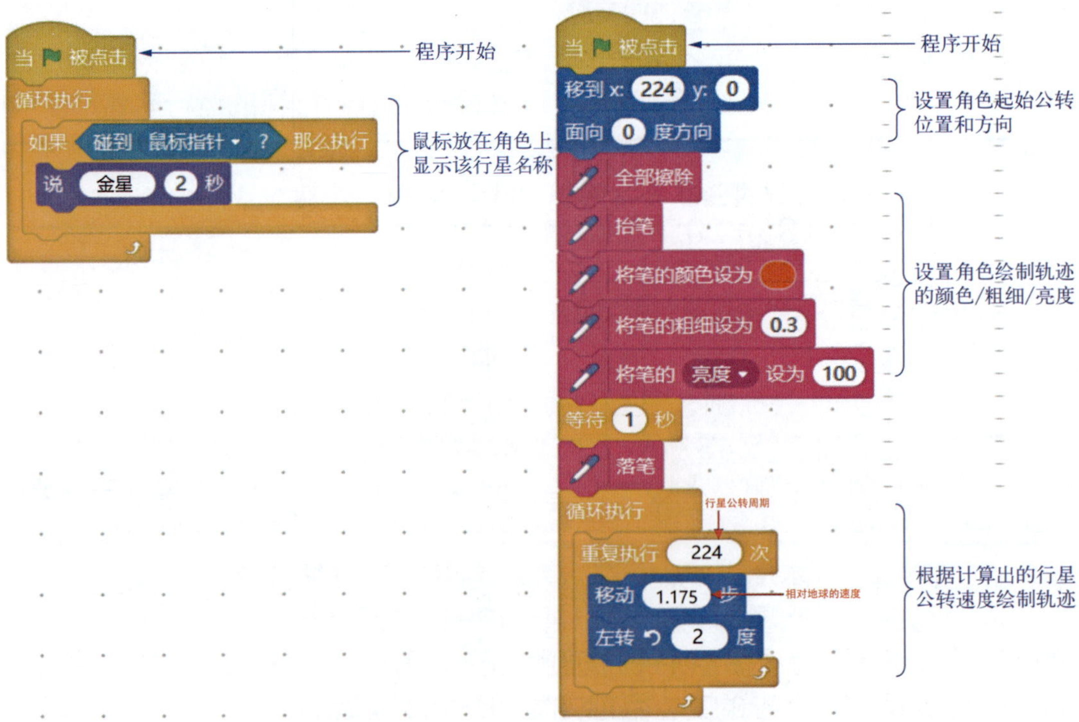

图 16-12 项目中金星的程序

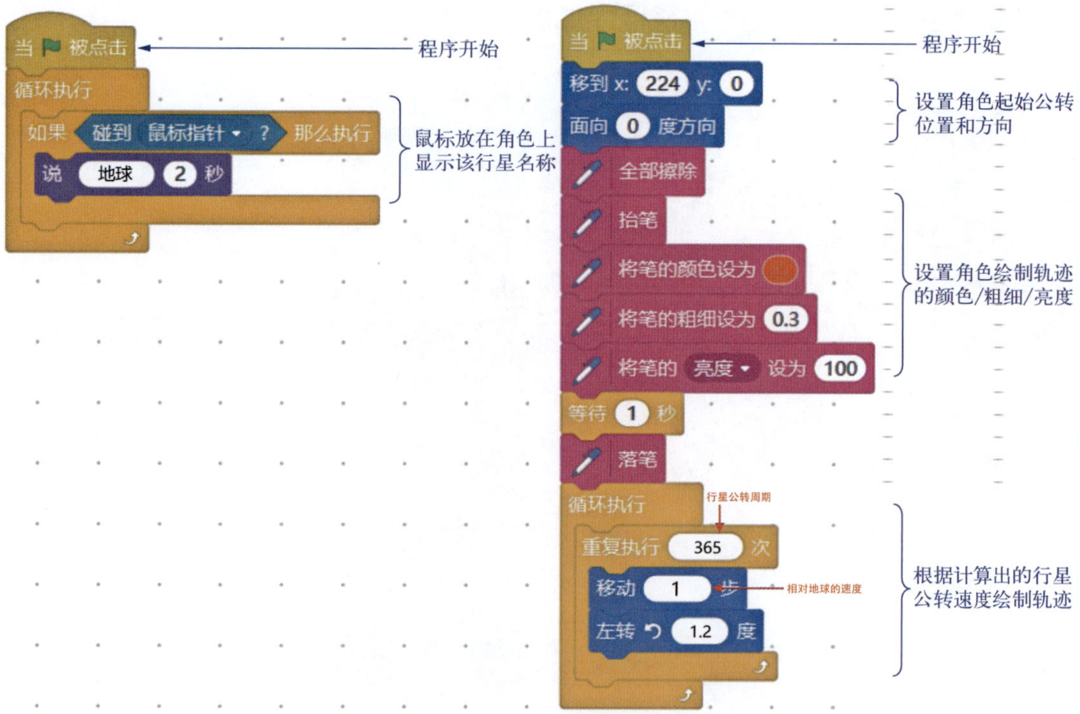

图 16-13　项目中地球的程序

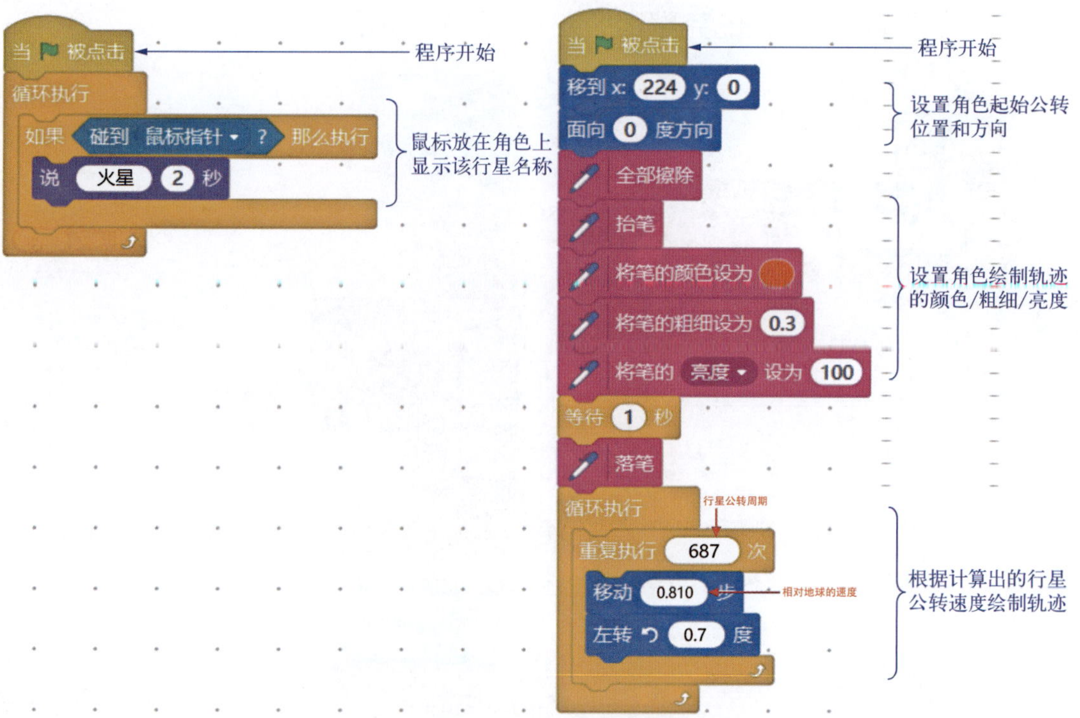

图 16-14　项目中火星的程序

⑥ 木星编程：木星的完整程序如图 16-15 所示。

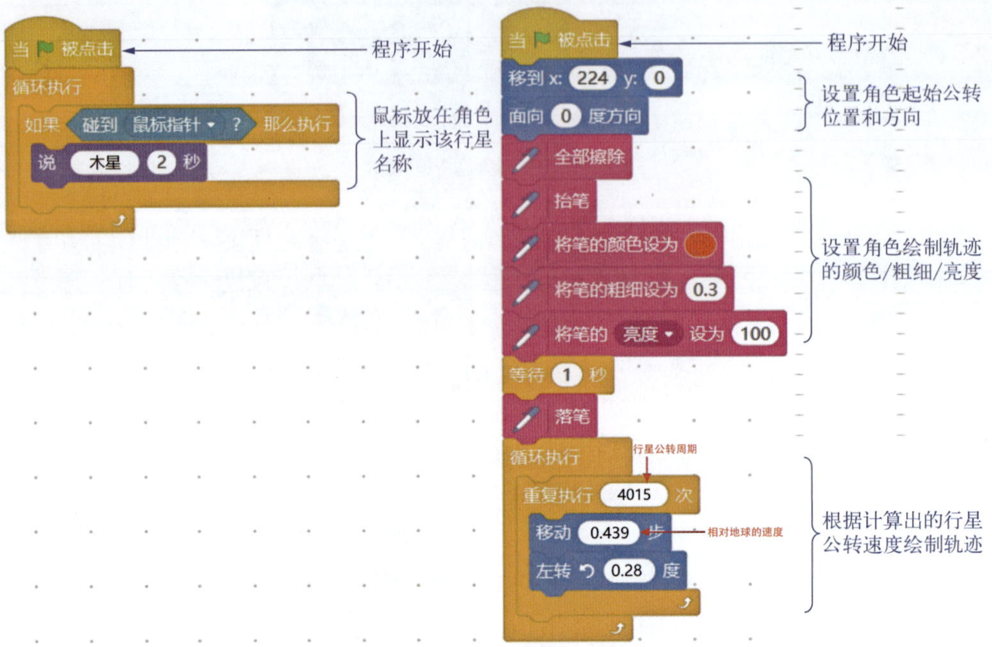

图 16-15　项目中木星的程序

⑦ 土星编程：土星的完整程序如图 16-16 所示。

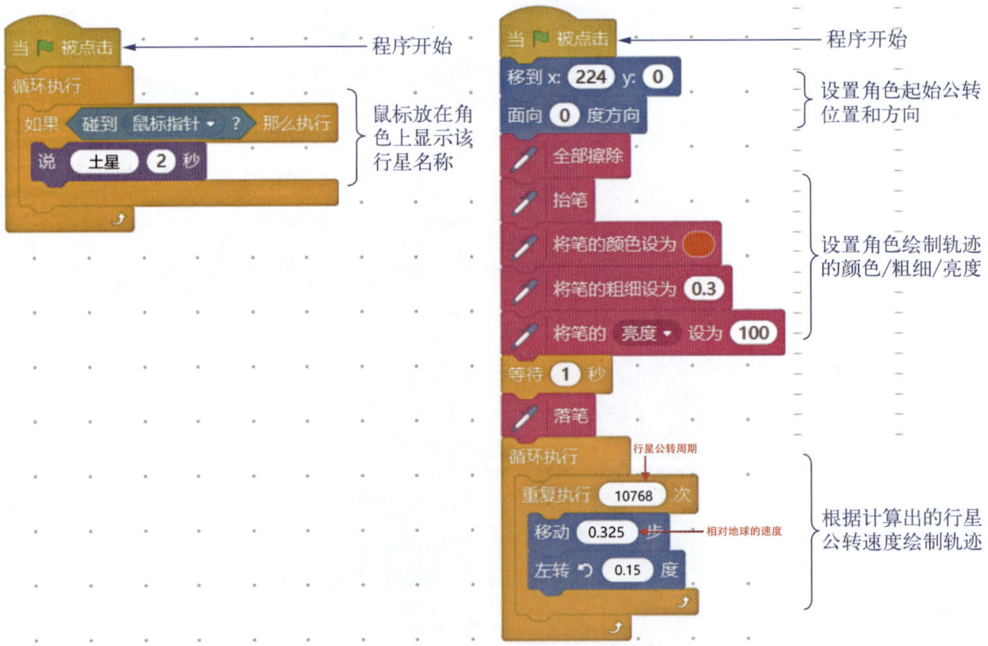

图 16-16　项目中土星的程序

⑧ 天王星编程：天王星的完整程序如图 16-17 所示。

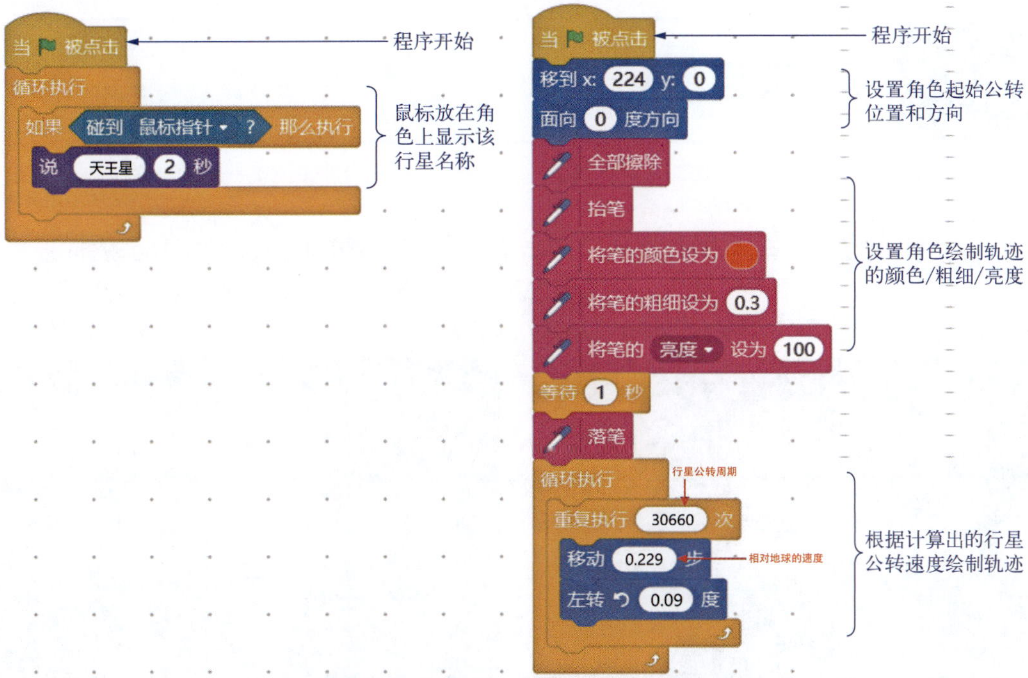

图 16-17　项目中天王星的程序

⑨ 海王星编程：海王星的完整程序如图 16-18 所示。

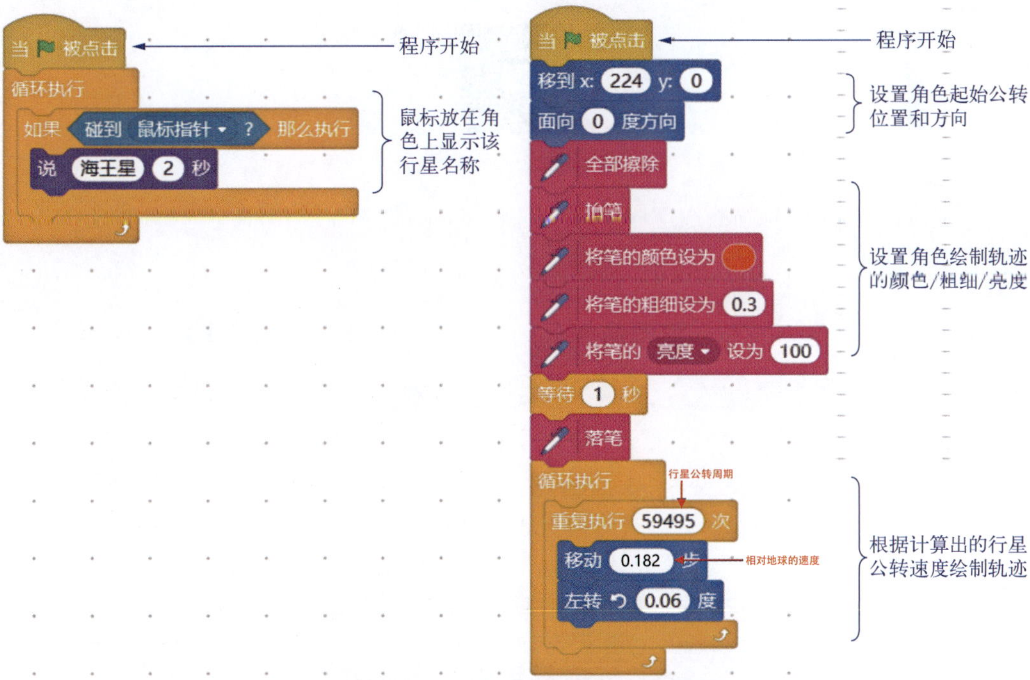

图 16-18　项目中海王星的程序

16.5 项目运行

程序编写完成后，点击“ ”运行，部分效果图如图 16-19 所示。

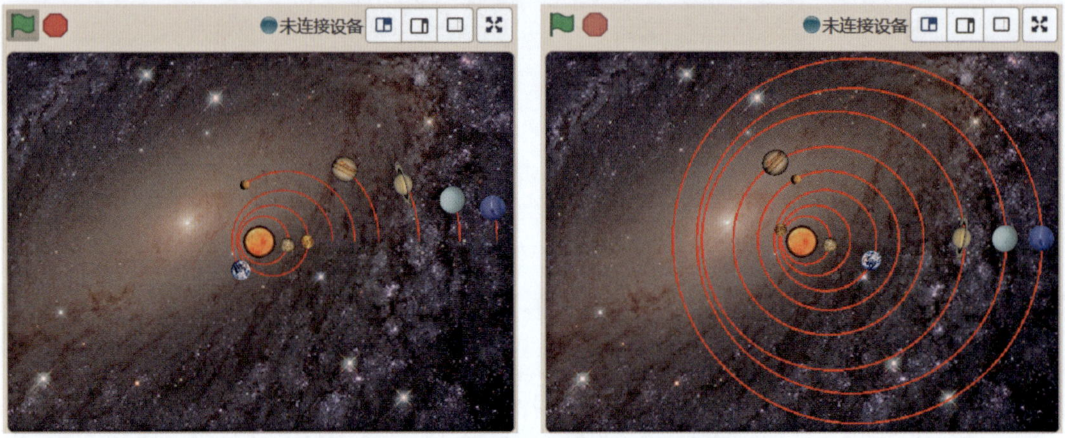

图 16-19　项目运行的部分效果图

太阳系运行案例演示

附录

本书涉及的积木汇总

青少年创意编程与电子制作系列

{CODING}

本书积木汇总见附图 1 ~ 附图 10。

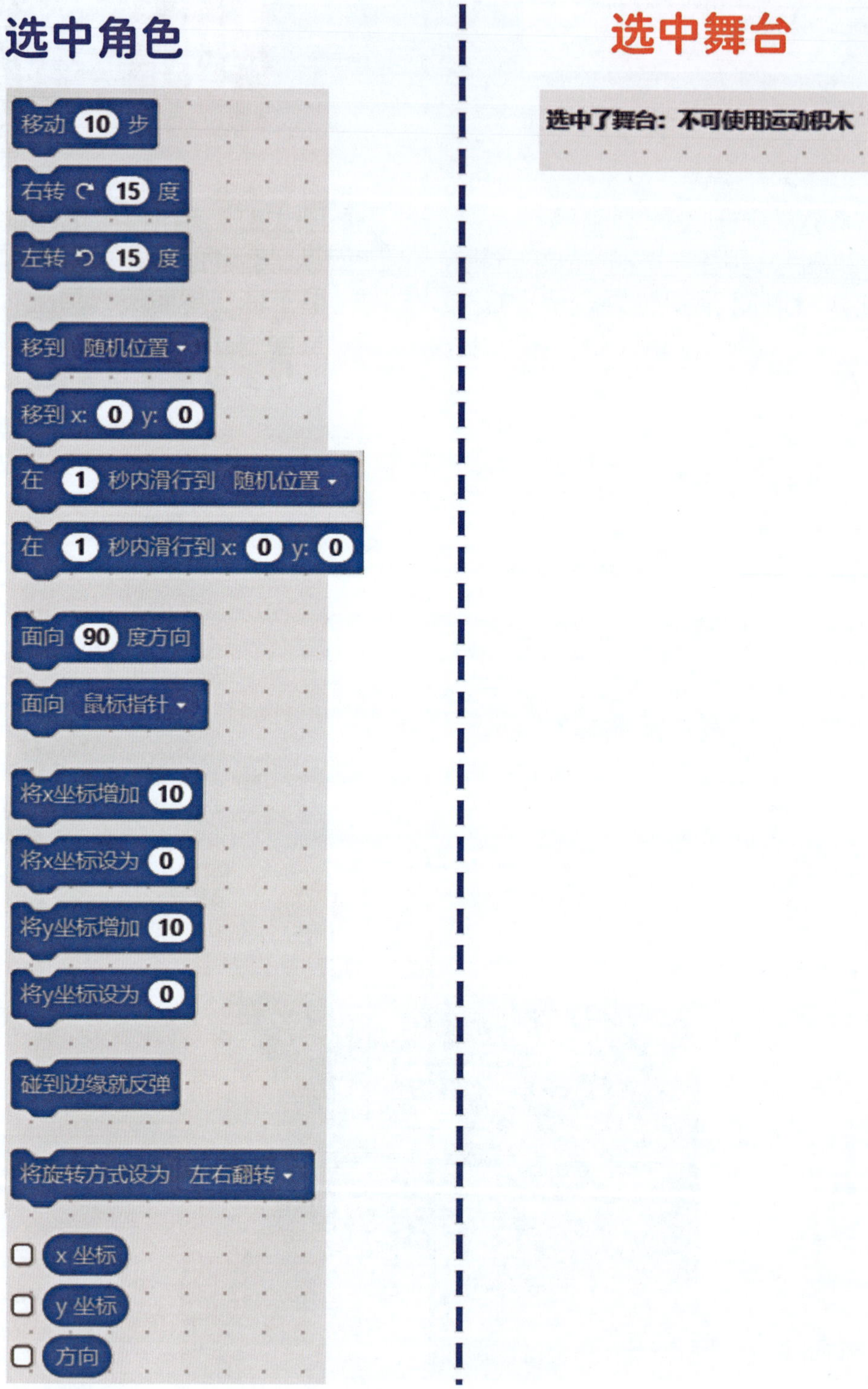

附图 1　运动积木

选中角色
说 你好! 2 秒
说 你好!
思考 嗯…… 2 秒
思考 嗯……
换成 Mind+1 造型
下一个造型
换成 backdrop1 背景
下一个背景
将大小增加 10
将大小设为 100
将 颜色 特效增加 25
将 颜色 特效设定为 0
清除图形特效
显示
隐藏
移到最 前面
前移 1 层
造型 编号
背景 编号
大小
选中舞台
换成 backdrop1 背景
换成 backdrop1 背景并等待
下一个背景
将 颜色 特效增加 25
将 颜色 特效设定为 0
清除图形特效
背景 编号

附图 2　外观积木

选中角色

选中舞台

附图 3　声音积木

选中角色

选中舞台

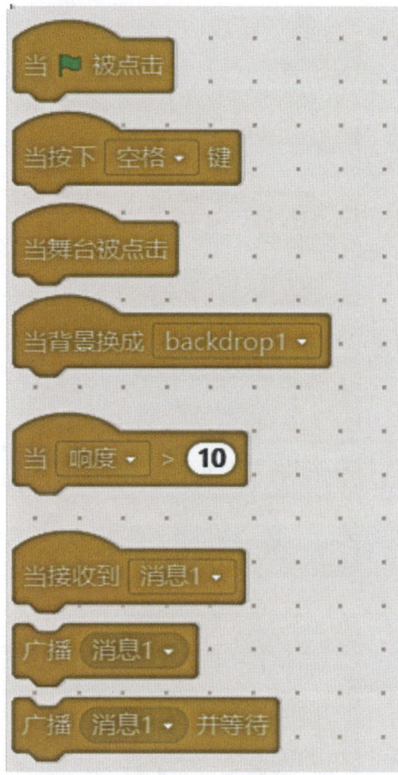

附图 4　事件积木

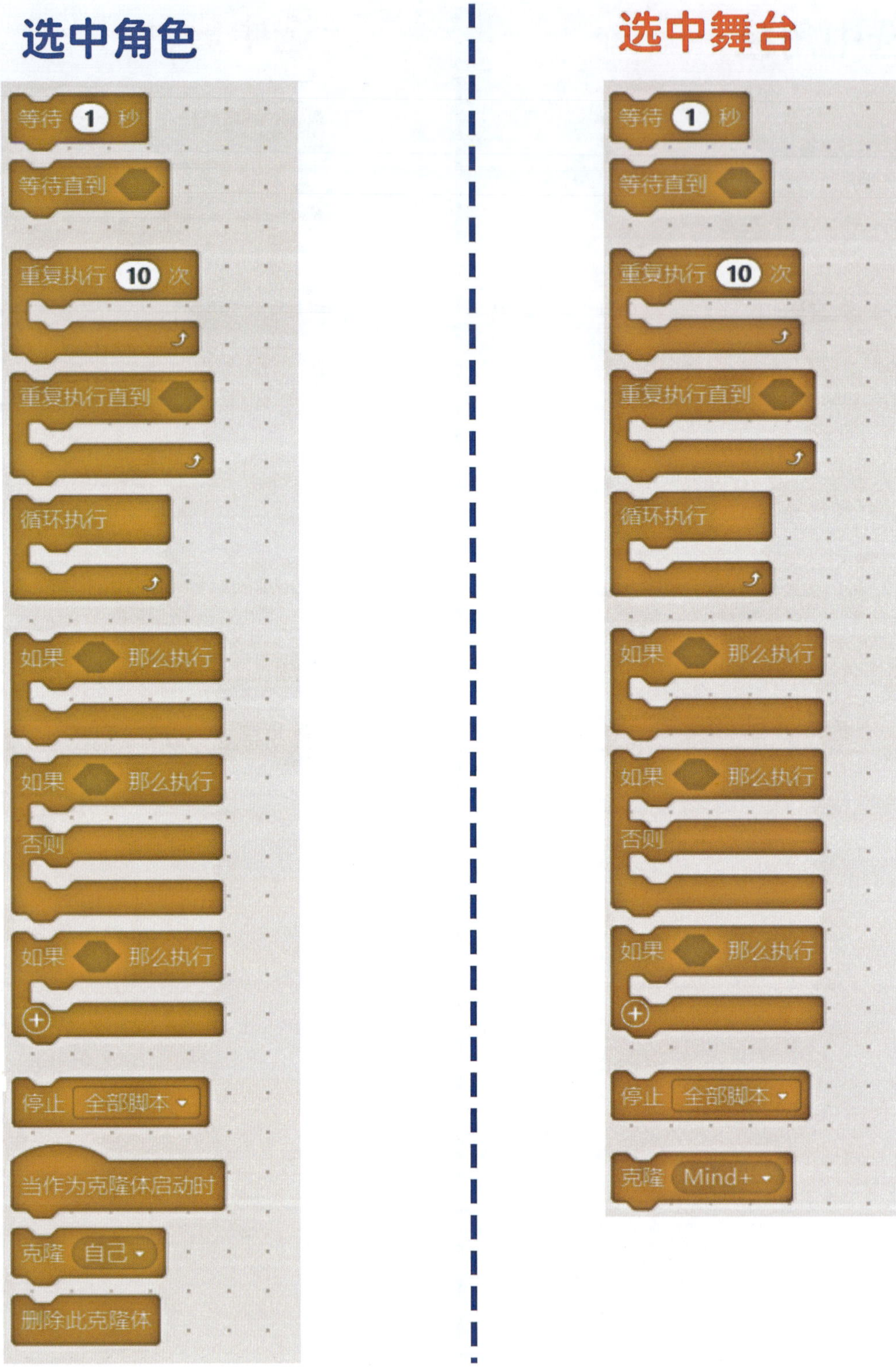
选中角色
等待 1 秒
等待直到
重复执行 10 次
重复执行直到
循环执行
如果 那么执行
如果 那么执行
否则
如果 那么执行
停止 全部脚本
当作为克隆体启动时
克隆 自己
删除此克隆体
选中舞台
等待 1 秒
等待直到
重复执行 10 次
重复执行直到
循环执行
如果 那么执行
如果 那么执行
否则
如果 那么执行
停止 全部脚本
克隆 Mind+

附图 5　控制积木

选中角色

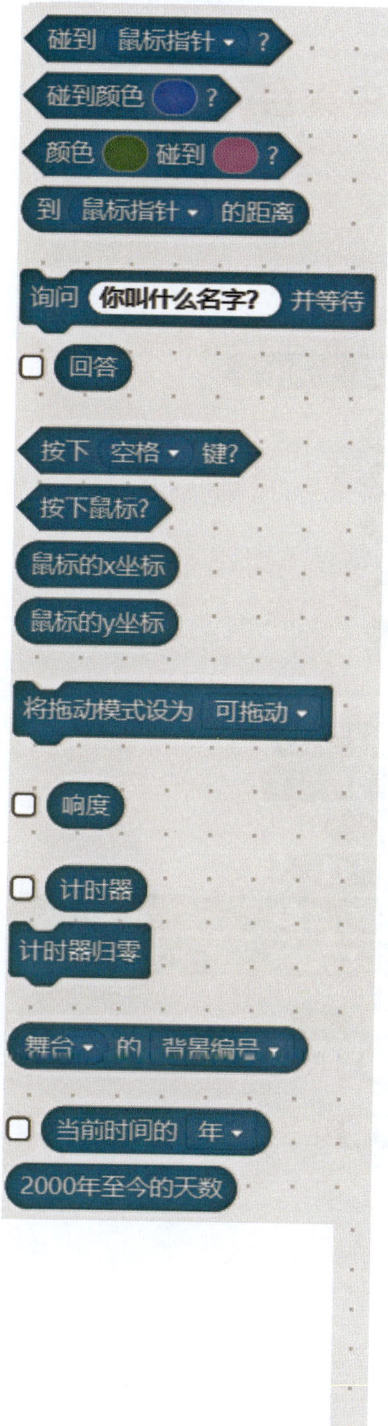

选中舞台

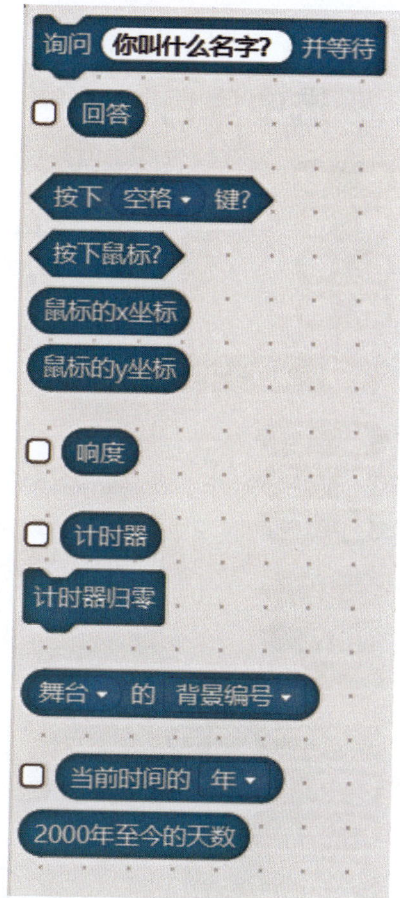

附图 6　侦测积木

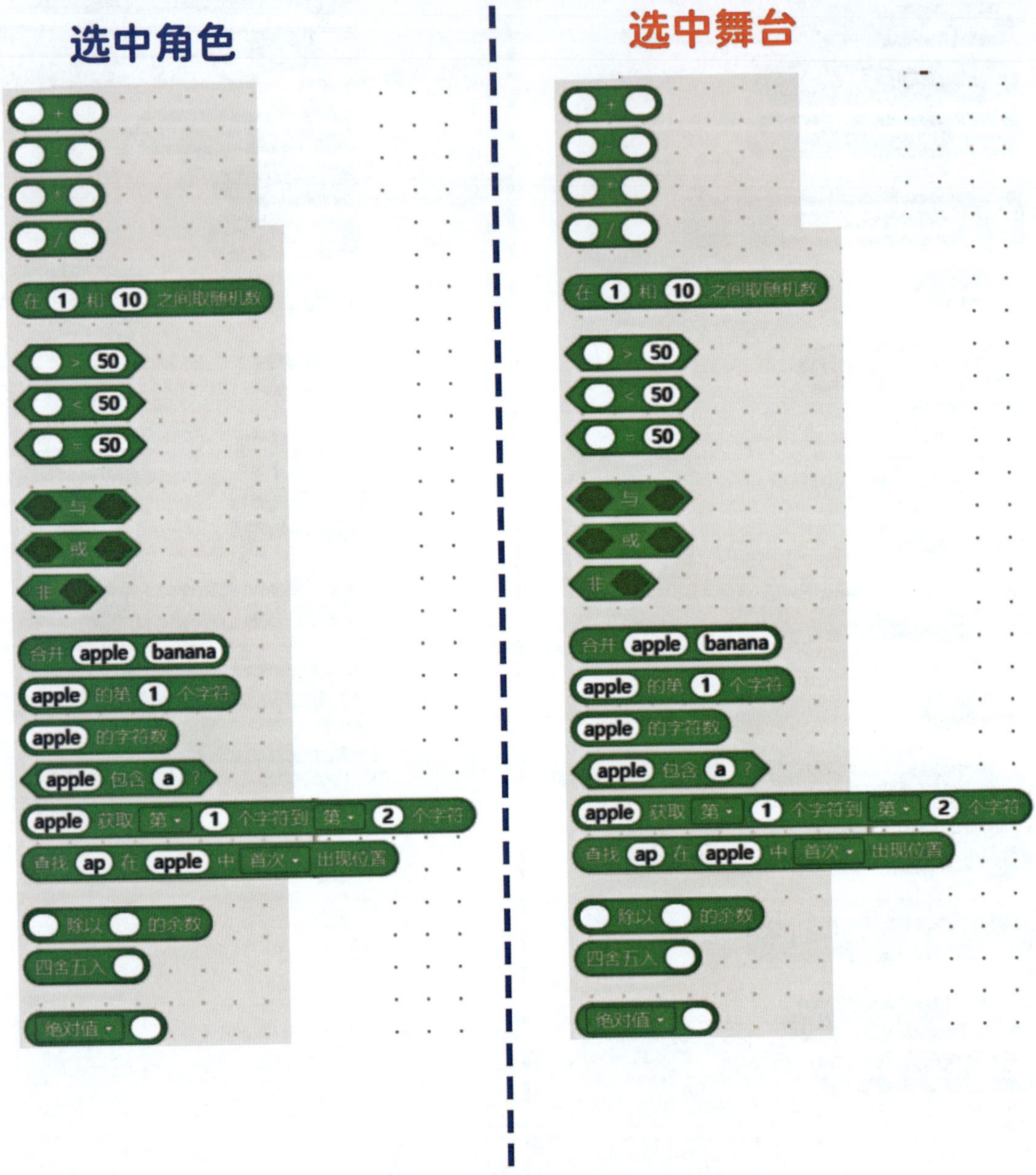

附图 7　运算符积木

选中角色

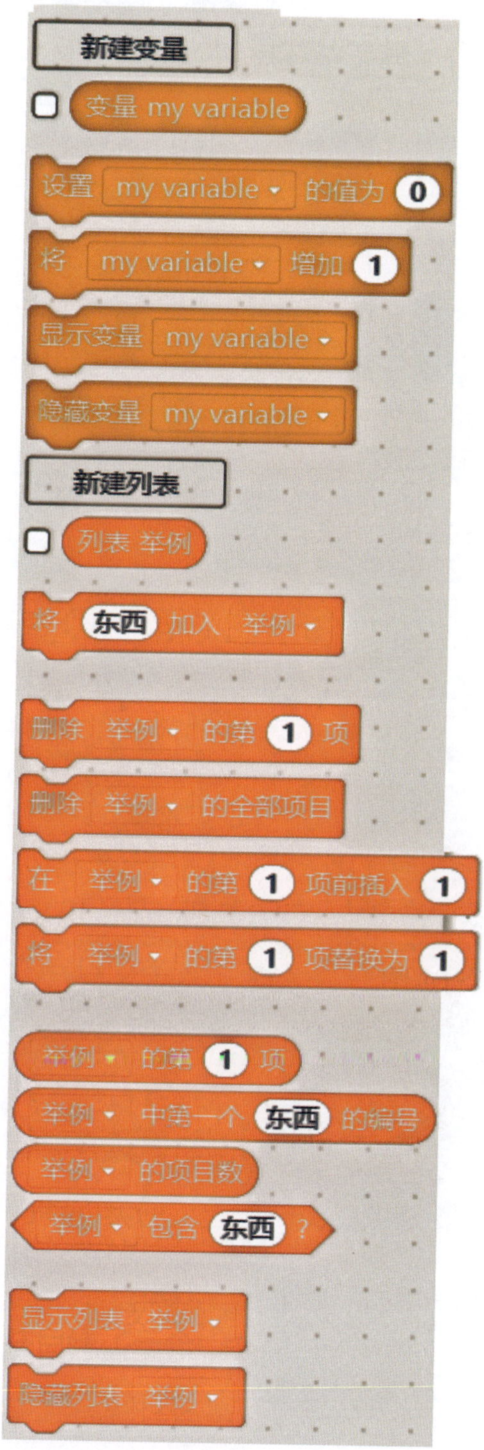

选中舞台

附图 8　变量积木

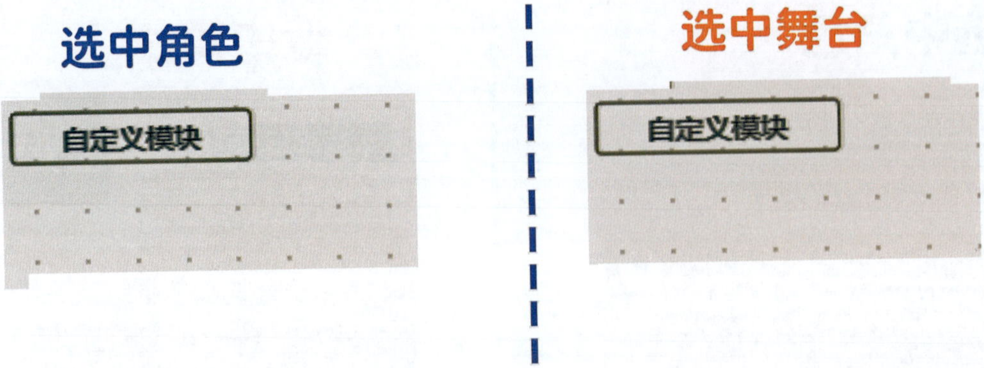

附图 9　函数积木

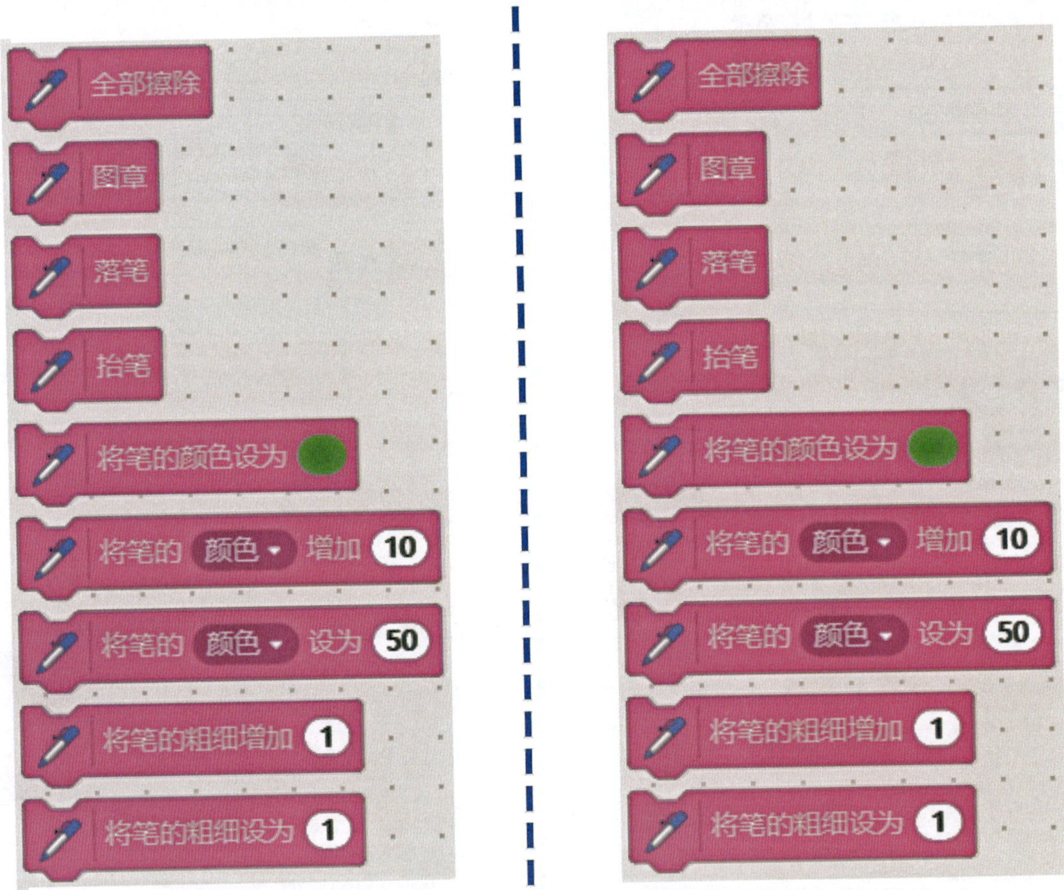

附图 10　扩展画笔积木